日本の食をとりまく社会と人

阿部 亮

筑波書房

はじめに

食についての問題を社会の動きや風潮、そして人の考え方と行動を絡めて考えてみた。日本はアメリカから穀類を始めとして多量の食料を輸入している。穀類の生産には多くの水を必要とする。だから、穀類を輸入するということはアメリカの水を買っているということにもなる。「日本のように水がたくさんありながら、多くの水を購入している国は、水のない、穀物生産が制限される国の事を考えると、倫理的に問題がある」と言う人もいる。そこで、本書では最初に日本の水について考えた。水の多い日本は瑞穂の国とも言われる。美しい田の風景は日本の象徴である。しかし、昔と較べて米の消費量は大きく低下し、その分、肉など畜産物の摂取量が増加している。その功罪についても考えてみた。

外国からの食料の大量の輸入は食の内容を多様にしながらも、食料の自給率を他の先進諸国とは較べようもないほど低い水準に落としこんでしまっている。そこで問題となるのは「食の安全保障」である。ある国が他国に多くの食料の供給を依存しているということは、生殺与奪の権を他国に握られてしまっていることになる。そこで心配なことに、「ハシゴを外されはしないか」ということと、「ハシゴの維持のために、何か、他の重要な問題で譲歩をさせられないか」ということがある。その問題についても考えてみた。

また、外国からの食料の供給、都市への人口の集中は、「食と農の乖離」を生み出している。食料生産の姿を実際に知らなくとも日常生活にはなんら差し支えがないからであるが、しかし、そこにも多くの懸念すべきことがある。

私は、長い間、研究機関と大学で、家畜栄養学と飼料学の研究に従事し、今は田舎に帰り、農の中で呼吸をしている。日高山脈の裾野から拡がる十勝平野で生活しながら、日本という国の、食の供給、流通、消費の状況を見るに、心配なことが少なからずあるし、将来のために考えるべきことも浮かんでくる。上記のことと併せて、「バターの不足」、「食品廃棄物のリサイクル」、「牛海綿状脳症（ＢＳＥ）」、「和牛肉」の事などを具体例としてあげながら、日本の食の過去と現在そして近未来を考えてみた。

（２０１６年春　畜産・飼料調査所御影庵　主宰　阿部　亮）

目次

日本の食をとりまく社会と人

1　日本の水と農地

日本の姿は美しい、地図を見る度に思う。列島全体がしなやかな弓の形にしなり、オホーツク海、太平洋、日本海、南シナ海に優雅に横たわっている。まるで人魚のようである。

そして、四面を海に囲まれた日本はその海の恩恵を様々な形で受けている。魚介類や海藻などの海の幸に恵まれている。天然の良港が多く、海上交通が昔から盛んであった。温暖で湿潤な気候で、降雨量や降雪量も例外の年はあるけれども、中庸な量を歴史的に得てきた。

降雨や降雪は天水として作物の生育を助け、同時に国土の66%を占める森林に涵養・保全され、地下水系に流れ込むと同時に、川と湖沼、用水路を経て平地での農業用水、生活用水、工業用水として利用される。日本は昔から、「豊葦原瑞穂の国」と言われてきた。

瑞穂というのは、瑞々しい稲の穂を意味し、その瑞穂が稔る美しく、豊かな国が日本なのだという、日本の美称であり、日本人が久しく、心の底に伝え残してきたこの国土に対する誇りの表現形だと思う。

海洋性気候、雨、森林、稲、日本人という構成で今までは、日本と日本人を語ることができた。しかし、今は、その枠組みだけでは日本の有り様を語ることが出来なくなってきているが、それについては、おおいに記述してゆくこととして、ここでは、日本の水について種々の角度から考えてみたい。

私たちは、「水は水道の蛇口をひねれば無尽蔵に出てくるもの」という日常生活の中にある。水とはそういうものなのだという感覚を持っている。

若い人達に伝えておくのも無駄ではないという思いで、私の住む地域の水事情の歴史を最初に述べる。場所は北海道十勝の北西部（清水町）である。

中学生になってから、家から約２００ｍ離れた所にあるポンプ場で水を牛乳缶に汲み、家まで運んでくるのが私の役目となった。冬には牛乳缶を橇《そり》に載せて運ぶのだが、雪道で橇が傾き、ひっくりかえった牛乳缶から水がこぼれ出し、冷たいやら、癪にさわるやらで、泣きべそをかいたり、泣きたくなるようなことが何度もあった。

やがて、我が家に少し経済的なゆとりができたのだろう。中学3年生の時、家の前に、井戸を掘り、水脈に当たったら、そこに鉄管を入れ、地上に手押しポンプを付けるという工事が始まった。

少し前まで、両国の相撲部屋で力士であったという土方の親方と、親方に雇われた近所の兄ちゃんの二人が、直径２ｍくらいの穴を掘り始めた。

掘った土は周りに組んだ三角柱に取り付けた滑車で布袋ごと引き上げる。「未だ出ない、未だ出ない、この前に掘った家では８ｍで出てきたのになあ」と、腕に彫り物の親方がぼやく。結局、10ｍくらい掘ったところで豊かな水脈に当たり、取水することが出き、私は水汲みの仕事から開放された。

十勝地方、いや、北海道全体がこの当時は、このように自家取水での地下水に依存していたのではないかと思う。手押しポンプはやがて、モーターの自動ポンプに代わり、スイッチを入れて蛇口をひねれば水が出るという仕組みに進化する。

しかし、市街地の住宅が増えることによって地下水位が低下し、昭和40年代になると恒常的な渇水状態が続く、そして、一方では、工場や家庭からの排水による地下水汚染も深刻な問題となってきた。このような中で町当局は2年間、保健所に依頼して井戸水の水質検査を行っているが、調査検体の半数前後にアンモニア、大腸菌などが検出され、飲用不適という判定がなされてしまった。この当時、渇水や水質汚染のために井戸を掘り替えた住民がいたことも記録されている。

そこで町は上水道の設置に着手する。水源は日高山系に端を発する小林川、芽室川である。取水堤、集水井、浄水場が多額の費用をかけて設備され、濾過施設によって浄化された水が家庭や工場に分配されるようになった、今の姿である。命の根源としての水の安全性と量の確保にはやはり、苦労してきている。

農業用水はどのようであったろうか。日本は瑞穂の国、水に不自由のない国と言っても、「ここは違うよ」という所もある。そこで、遠方の川、湖沼から水を引いてくる用水事業が昔から行われてきた。徳川幕府直轄の事業として、藩の事業として、あるいは個人・有志と地域農民の熱意によってである。

近い時代で有名なものに愛知用水がある。愛知県知多半島は大きな河川がなく、生活用水の質、農業用水の量に悩まされてきた。１９４７年（昭和22年）の大干ばつを受けた際に、篤農家の久野庄太郎と安城農林高校の浜島辰雄の二人が木曽川からの引水を計画し、地元の人達もこれに賛同し、そのウネリが国を動かし、国土総合開発法で木曽特定地域の指定を受け、世界銀行からの借款などによって、事業が開始された。１９５７年（昭和32年）11月に着工され、約4年後の１９６１年9月に１１２kmの幹線水路と１０１２kmの支線水路が完成し、濃尾平野南東部から知多半島の26市町村がこの用水を農業用水、上水道、工業用水、発電などに利用している。

江戸時代の用水路の建設に関しては、富山和子さんが「日本の米」の中で、いくつもの堤や用水の建設工事物語を書いておられるが、そこに共通して見られるのは、上記の愛知用水の場合と同じように、「地域をこのようにしなければならぬ」という地域愛と情熱を持つ人が中心にあり、その熱意に周囲が賛同し、団結して水を確保してきたという姿である。私が酪農の調査でたびたび訪れた栃木県那須の那須疏水もそうである。明治の時代、那珂川からの水を那須高原に導き、荒野を潤す水の導入には、矢板武、印南丈作という地元の有志が用水路の開削に貢献している。

アジアモンスーン地帯という、総じて見れば潤沢な水の供給の中にあっても、地勢学的にそれを横目にしか見ることのできない土地も当然のことながら国内にはある。私たちは、国土への水の供給を人為的に平準化する努力のおかげで今を生きている。

水の供給の平準化ということでは、治水、つまり、場所によっては河川の氾濫をどう防ぐかという課題を持つ場所も、国土の中では過去にも多くあった。中世末期の戦国時代には甲斐の国、今の山梨県で武田信玄が笛吹川、釜無川、荒川などが合流し、大水の被害を受けてきた甲斐盆地に信玄堤を作って治水し、農民の生活を安定させると同時に、新田の開発の基盤を創り上げている。そして、江戸時代には、板東太郎という字《あざな》がつくほどの暴れ川である利根川の流路の変更や、治水に徳川幕府は大変な苦労をしている。

今、我々が喉を潤し、手にとっている水、そして、目の前に広がる緑の田畑には、このような先人の努力があったのだという認識と感謝が必要であろう。

しかし、時を経て現代、先人が国土に散在する耕作放棄地を見たら何と思うであろうか。耕作放棄地の面積は２０１５年（平成27年）には42万haであるが、これは経年的に増加してきた。平成の時代が始まった頃には約21万haが、２０００年（平成12年）には約34万ha、そして今は約42万haにも拡大している。

42万ha（４２００㎢）というのは、滋賀県（４０１７㎢）の面積と近似し、鳥取県（３５０７㎢）や佐賀県（２４４０㎢）などよりも広い面積である。

そして、都市周辺の農地の蚕食（転用）によって耕地面積をも経年的に減少させてきている。１９７０年（昭和45年）に約５８０万haあった耕地面積は20年後の１９９０年（平成２年）には約５２０万haに減少し、２０１５年（平成27年）には約４５０万haとこの約45年間で22％も農地を縮小させている。

そして、耕作放棄地があるために、農地の利用率は92％である。昔、私が宇都宮市で学生生活を送っていた時分によく見られた鬼怒川周辺の田んぼの裏作も今では殆どみることが出来ないことだろう。１９６０年（昭和35年）の耕地の利用率は１３４％と今よりも40％も高かった、水田を基盤とした裏作物の栽培があったからである。

２０１５年の耕作放棄地からはどのくらいの穀物や大豆が収穫できるであろうか、10ａ当たりの玄米収量を５３０kg、小麦の収量を４００kg、大豆の収量を１６０kgと仮定すると、玄米では２２３万トン、小麦では１６８万トン、大豆では67万トンと概算できる。それぞれの近年の輸入量は米が80万トン前後、小麦が５５０～６２０万トン、大豆が２８０～３６０万トン程度である。耕作放棄地は小麦では輸入量の27～30％、大豆では18～23％をカバーできる潜在的な生産量を持つ。もったいない。国の姿、ありようとして、瑞穂の国を形作ってきた先人はこの姿を、決して許してはくれないだろうし、これから述べる世界の水事情と照らし合わせてみても問題であり、解消されるべき問題だと考える。

何故、耕作放棄地となるのか、以前に岐阜県のある水田農家の老夫婦にうかがった話を紹介する。

「水田農家の高齢化とその子弟の農業離れが顕著です。私の所でも、息子は名古屋の国土交通省に勤務しており、定年までは帰ってこないでしょう。何故、稲作から離れるかですって？　昔は、一町歩（1ha）で食ってゆけましたが、今はそうではない。1反歩（10ａ）で8俵取れ、一俵が1万2000円だとしますと、コンバインの刈り取りに1反歩で2万5000円払い、肥料などの資材費を考えると、魅力がないのです。この地域の高齢者は、また若い人でも兼業の人達は農協への稲作栽培を委託している所が増えていくでしょうが、その場合の実入りは少ない。1反歩でお米1俵、そのくらいのものらしいです。年金の少ない人は、とてもそれではやってゆけません。では、何故、そうするのか。ゼニカネの問題ではないんです。先祖代々からの水田を不耕作地として荒らしたくないからなんです。私たち夫婦も若いときから、それぞれに勤めながら、私は製材所に勤めて、米を作り、牛を飼い、桑を作って蚕を飼うという生活をしてきました。それは、米がまだ良かったからです。今はそうではなくなっている」。

老夫婦との話の中で感じたことは、耕作放棄という行動は水田を持つ人の個性や理念と深い関わりがあるなということであった。全国的にみて、このお二人のような人が少なくなってきているということであるのだろう。しかし、個人の存念にばかり依存するには限りのあることをも、先の数字は示している。

岐阜県の老夫婦との会話は、農林水産省の「稲ワラの畜産的利用の拡大」という事業の一環として行った現地調査の際のものであるが、この時には、宮城県や新潟県にも足を伸ばした。新潟県では、60 haの水田を耕作する有限会社にお邪魔した。水田農家7名が出資して作った農業法人である。60 haの水田に水稲、大豆、サイレージ用の稲を始めとする飼料作物を栽培し、水稲についてはコシヒカリだけではなく、種々の種類の品種の米を作り、食用米の直販と同時に、餅、笹団子、田舎味噌、玄米コーヒーの加工品を作っていた。1984年の法人設立であるから、集団的営農の魁的な存在であり、同時に、今はやりの農業の6次産業化の魁でもある。その時に聞いたことであるが、新潟県には最大100haの規模を持つ所も含めて、250の稲作農家の法人組織があるということであった。

これからは、有能でかつ地域愛を強く持つリーダーを中心とした農業生産法人等による水田の共同所有によって、地域のコミュニテイ（共同社会）を作る中で、耕作率を高めてゆく方向で、瑞穂の国を維持して行くことになるのだろう。

次に、福島第一原子力発電所の事故に触れてみたい。それは、先に述べた「稲ワラの畜産的利用の拡大」の調査と関連するからである。

2011年3月11日に起こった東北地方太平洋沖地震（東日本大震災）によって引き起こされた東京電力福島第一原子力発電所の損傷によって放射性物質（ヨウ素131、セシウム137等）が大気に、土壌に、溜まり水に、海水に、そして地下水に放出された。

大気中に拡散した放射性物質はかなり広域に飛散し、私が以前に調査にうかがった宮城県の水田にも放射性降下物が屋外に貯蔵していた稲ワラに付着してしまった。もちろん、直下の福島県の稲ワラにでもある。

稲ワラは和牛（黒毛和種牛）の肥育飼養における基幹的な粗飼料である。20ヶ月間の肥育期間の前半には1日2kg前後、後半には1kg前後が穀類と併せて給与される。

時期（3月の事故発生）から考えて、肥育後期からだろうが、放射性降下物の付着した稲ワラを給与した和牛肉の安全性の問題が大きく浮上し、和牛枝肉の出荷制限や出荷の自粛が福島県や宮城県で行われた。

和牛というのは、日本の表作からの稲ワラと裏作の麦が醸成してきた日本の文化である。

それを原子力発電所の事故が部分的ながら損なってしまった。肉用牛だけではなく、牧草を介して牛乳生産にも、米の生産にも、そして日本の海の幸である水産物にも負の影響を及ぼしてしまった。

原発の問題についての議論の中では、命の糧である食料生産を基盤とした考察が以外に少ないと感じている。これは、食料の自給率が低いことの裏返しであろう。よその国から買ってくればいいじゃないかという意識が心の底にあるからかもしれない。

食料自給率が低い、そして、供給熱量食料自給率が50%台、それ以下になってから、もう27年も経ち、低いことが当たり前という認識になっているのではなかろうか。

２０１１年3月11日のような事はもう再び来ることはないのか。いやそうではない。

四面を海に囲まれているという状況は、日本列島という岩盤（プレート）の下に日本海溝、駿河湾トラフ、南海トラフといった海のプレートが沈み込み、引きずり込まれた陸のプレートが一気に跳ね上がって何時、大きな地震が起きるか分からない環境に我々日本人は生きているのだ。

本稿でここまでは自賛してきた瑞穂の国のありがたさとは逆の、危険な地上の上に住んでいるのだという認識と覚悟をも持たねばならない。

四方を海で囲まれているがための「恩恵とリスク」をどう真正面から捉えて、国作りをしてゆくか、そういった観点からの農業やエネルギー政策について、一人一人が子孫のために考えて、そして行動してゆかねばならないだろう。

どうも、今の時代、「明日は要らない、今夜が欲しい」という風潮、言い方を換えれば、過去を踏まえての長期的視点に立った展望や戦略が個人のレベルでも、経済・産業のレベルでも、政治のレベルでも欠如しているように思えてならない。

２０１４年（平成26年）４月11日に政府は「エネルギー基本計画」を閣議決定した。その中では、「昼夜を問わず継続的に稼働できる地熱、一般水力、原子力、石炭をベースロード電源と位置づける」とし、再生可能エネルギーについては、「太陽光や風力、地熱、水力、木質バイオマスについては、13年から3年程度、導入を最大限に加速し、その後も積極的に推進、これまで示した水準をさらに上回る水準の導入を目指す」としている。

この基本計画の特徴は、先の民主党政権が掲げた、「30年代に原発稼働ゼロ」を撤回したことと、再生エネルギーについては推進するけれども、日本のエネルギー生産における、原発、火力等の燃焼力による発電、再生エネルギーによる発電の構造（比率）についての定量的な将来像が示されていないところにある。

原子力発電の再稼働を推し進めるという姿勢を明確に宣言したものと言ってよい。

その足元を見よう。放射能に汚染され、家畜の飼料として使用できない牧草やイネワラが放置されている。実際には、行き場がない状態で農家の敷地に保管されているところが多いようだ。「国や行政は農家の土地で牧草が朽ち果てるのを待っているのではないか」と、そしてさらに、「家族の支えが無ければ、3年を待たずにとっくに農業を辞めていただろう。どんなに苦しくても、この場所で生きていかなければならない農家の気持ちを、国や東電は考えたことがあるのか」と宮城県の農家の主人が日本農業新聞紙上（２０１４年3月）で語っている。

放射性セシウムの半減期は30年である。30年で半分となるが、その半分がその又半分（4分の1）になるのにまた、30年かかる。

保管する農家の何代にも亘って危険なものと隣り合わせの生活を強いられる。これらの牧草は利用できない物だから廃棄物としての処理になるが、１kg当たり８０００ベクレル以内の廃棄物の処理は一般廃棄物として地方自治体が、８０００ベクレル以上のものは指定廃棄物として国が処理を行うことになっている。

しかし、地方自治体の処理物に関して、地方自治体は、「国や県が主体となって処理を進めるべき」と放射能汚染物質の処理に関する住民理解が難しい状況を訴え、県は「市町村が処理に手をあげないことには動きようがない」と言い、国は「一義的に市町村に処理責任がある」と主張する。結局はものが動かない。また、８０００ベクレル以上の廃棄物について、環境省の提案に対して、処理場の候補地になっている所での反対運動もあり、その処理はスムースには行かない状況のようである。

反対の理由には、「風評被害などで地域の主産業である農業がダメになれば、町はゴーストタウンになる」というものもある。

放射能の事故によって与えられた社会的な傷は簡単には癒えない。ここに挙げたのはほんの一例であり、いろんな形の傷が日本各地に未だ多く残っている。

このような状況下で、原発再稼働を宣言するのは何故だろう。それは、今の社会、「明日は要らない今夜が欲しい」から、つまり、今の経済構造と豊かさを失いたくないから、「不都合な真実には目をつぶろう」ということであろうと私は考えている。政府と経済界が原発を再稼働させる方向に舵を切り曲げる背景には、このような社会の心底が見透かされている、ということがあるからと思うのだが。

閑話休題、ここで、再び水の問題、外国ではどうなんだろうか、私の体験も踏まえて見てゆきたい。

夏の我が家の家庭菜園に私は朝、長いホースでたっぷりと水を撒く。これも先人のおかげであるが、こういうことが出来る国というのは決して多くはない。

日本の諸都市と外国の諸都市の年間の降雨量を比較してみると、東京が１５２９㎜、新潟が１８２１㎜、金沢が２３９９㎜であるのに対して、北京は５３４㎜、ロスアンゼルスが３２２㎜、ニューヨークが１１４５㎜、ニューデリーが７６８㎜、エルサレムが６３２㎜、メルボルンが４８１㎜である。

もう大分前になるが、１９９９年（平成11年）にイスラエルに出張した。出張の目的は「乳牛の暑熱対策に関する調査」である。

イスラエルは亜熱帯性気候の乾燥地帯である。砂漠が多い。そして夏には摂氏40度にも気温が上がる。しかし、暑さにはとても弱いはずの乳牛１頭当たりの生産乳量は世界のトップクラスである。乳牛の暑熱対策、乳牛の遺伝的形質の選抜、給与する飼料等にどのような工夫があるのかを、この目で探ってみようというのが出張の目的であった。

先ず、どのような暑熱対策を講じていたかを紹介しよう。それは、シャワーと扇風機での送風を繰り返して行うことが基本であった。乳牛、白黒ブチのホルスタインはその出自はオランダ北部からドイツ西北部の冷涼な地帯であり、快適温度帯は13～18℃であり、26℃くらいから体温が上昇し始める。乳牛の通常の体温は38・5℃程度であるが、26℃では39℃前後になり、30℃の気温下では40℃を超えてしまう。外気温が上がり、体温が上昇するにつれて、飼料の摂取量が減少し、呼吸数が増加し、乳量は減少する。

九州農業試験場の試験成績を紹介しよう。乳牛４頭を18℃、26℃、30℃の空調施設付きの部屋で飼う中で、飼料の摂取量や乳量や呼吸数などを測定し、環境温度がそれら測定値に及ぼす影響を調べた試験であるが、体温は室温が18℃↓26℃↓30℃と上昇するにつれて、38・4℃↓39・3℃↓40・3℃と上昇し、飼料摂取量は18kg／日↓15kg↓12kgに、1日の乳量は28kg↓23kg↓19kgにと減少し、1分間の呼吸数は34回↓58回↓73回と増加してゆく。

快適温度帯の18℃に比べて30℃では、飼料摂取量も乳量も30％もダウンしてしまうのである。また、呼吸数が増えるのは体熱の放出を促進させるための生理現象であるが、夏の昼間、乳牛の腹部が激しく波うつ、その様は見ていて、じつに苦しそうである。

体温の上昇は乳量の減少だけに止まらず、乳牛の死廃事故をも引き起こす。2010年の夏には7月1日から8月15日の間に、暑熱が原因で死亡したり、廃用になった乳牛が日本全国で959頭にも上った。日本の夏よりもイスラエルの夏の暑さは更に乳牛には苛酷である。シャワーで体表面の熱を気化熱として奪い、それを扇風機で散らしてしまうという方法そのものは、特に目新しいものではない。感心したのは、その徹底ぶりである。

見学した農場では100頭の搾乳牛を飼っていた。クーリングの方法は、まず牛を固定してシャワーを20秒、次に送風を6分、これを繰り返し行って、体温の低下を図るわけであるが、そのやりかたは、⑴10％の乳牛をモニターに使う。その牛では直腸温度を測る。直腸温度は肛門に体温計を差し込むことによって測定される。⑵シャワーと扇風機送風の繰り返しは、モニターの乳牛の体温が開始時に比べて1・5℃、直腸温度が38・5℃前後に下がるまで止めない、ということであった。

日本だったらどうだろうか。「いちいち、牛の体温なんか測ってられないよ、畜産試験場でもあるまいし」だろう。

マネージャーは聞き取りの中で、「必要なことを150％実行できる人間がマネージャー、リーダーというものだ」と宣い、「このような冷却は牛の快適さのためにするのではなく、あくまでも、高い乳生産を行うための経済行為だ」と冷たく言い切った。

その当時は家畜福祉と言う言葉が世界で話題になり始めた時でもあった。家畜福祉というのは、家畜の飼養環境を整え、快適な状況におくことで、家畜にストレスを与えず、健康に快適に養おうという考え、行動である。

日本人ならば、「このような冷却は暑さの中の乳牛をいたわる意味もあるんです」くらいのことは言うであろう。

イスラエルの人の手法の合理性と徹底度、そして対象を見つめる目に日本人との違いを感じて帰ってきた。

それでは、この冷却の時に使う水はどうしているのだろうか、農場内と農場外にそれを見よう。先ず農場内である。砂漠の近くで、降水量の少ない所で、水の再生利用が行われていた。牛舎内の諸排水を大きなタンクに集め、そこで曝気《ばっき》処理が施されていた。曝気処理というのは排水タンクに空気を連続的に注入し、酸素を好む細菌（好気性細菌）を増殖させ、その細菌が排水中の有機物を分解し、水を浄化するという仕組みである。浄化された水が牛体への散水、シャワーとして使われていたのである。

また、良く知られているようにイスラエルでは作物の栽培では点滴灌漑方式を完成させている。節水のために植物の根部に水を点滴のように注入するという方式である。

確かに技術の開発とその技術の遂行度には感心させられ、同時に日本の水の潤沢さに改めて、「ありがたさ」を感じたのであるが、節水、水を大切にするということの背景には、「水を戦いとってきた」ということがあるようにも思う。

イスラエルは西側で地中海、北でレバノン、南でエジプト、東部でヨルダン、東北部でシリアに接している。イスラエルは亜熱帯性の乾燥地帯であるから日本のように中小の河川が国土に張り巡らされているという地勢ではない。中小の河川は用水路の形で人工的に付設しなければ持続的な農業をなしえない。

その水源はどこか、ヨルダン川である。ヨルダン川はゴラン高原を水源とし、イエス・キリストの活動拠点の一つであった地域のガリラヤ湖に流れ込み、ガリラヤ湖の水はほぼ直線的にヨルダン渓谷を南下して死海に至る。長いヨルダン川の流れは、その殆どがヨルダンの領域にある。

１９６７年の第三次中東戦争でイスラエルはゴラン高原、ヨルダン川西岸を占領し、水源をシリアから、川の流れをヨルダンから奪い取るのである。戦争というのは血を流す。

四面を海に囲まれている日本には、このような外国との水争いということはない。人間の体重の約60％は水であり、生命の根源である。生命の根源から作られる、その血を流して得た水の価値は日本人には想像し得ない重さがあるのだろう。この面でも日本は幸せな国である。

話しを中国に転じよう。

私は仕事で何回か中国を訪れたが、ある出張の時に、「明日は黄河を渡ります」というので、とても楽しみにしていた。大黄河というのはどんな姿なのだろうか、夜、それを思うとなかなか寝つかれなかった。しかし、翌日、トヨタの大型四輪駆動車は石コロばかりの地面を走るのだが、大黄河らしき姿は一向に現れない。ジリジリしながら、中国の案内者に、「黄河は未だか」というと、「さっきのガタガタ道が黄河だ」。

黄河断流ということを帰国してから知った。古代中国の時代から、多くの人達を養ってきた穀類は、まさに黄河の賜であったろう。それが無くなったら、農業用水や生活用水、工業用水は地下水に依存せざるをえなくなる。しかし、地下水の流れともいうべき帯水層からの取水量が帯水層への雨水などによる涵養量を超えてしまえば、さらに、深くから水を汲み上げねばならない。

先に見たように北京の年間降雨量は東京よりもはるかに少ない。フレッド・ピアスというイギリスの環境問題の研究者は、その著、「水の未来」の中で中国北部平野の地下水について、以下のように述べている。

「中国北部平野の地下水は、1年間に雨による涵養量よりも30㎦も多く取水されている。1960年代には地表面近くにあった地下水面が、現在では30ｍも下にある。北京市周辺では涵養可能な水の90％は既に失われ、市は各地で地下1000ｍの補充されることのない化石帯水層から取水している」。

何度目かの中国訪問時の雑談の中で「中国では1年に1つの県くらいの面積で砂漠化が進んでいる」という話しを聞いた。そんなことがあるのかいな、白髪三千丈的な、中国人特有の誇張的表現だろうくらいにしか、その時には思わなかった。しかし、その足で訪れた内蒙古自治区の首都フフホト市の郊外の畑を見て驚いた。表土は数センチメートルしかない。その下は砂地である。「これならば、風蝕であっという間に砂漠になるな、あの話しはオーバーではないな」と感じた。

今、中国はアメリカや南米、その他の国からのトウモロコシ、大豆、米、小麦等の食料の輸入量をどんどん拡大している。たとえば2000年（平成12年）と2010年（平成22年）の10年間で見ると、トウモロコシは約9万トンが150万トンと17倍に、大豆が1325万トンが5700万トンと4・3倍に増加している。

この増加の原因については、中国の経済が豊かになり、食生活において畜産物や油の消費量が増加しているためだという見解ばかりが目につくが、同時に、砂漠化、土壌のアルカリ化等による農地の縮小がその背景として確実にあると思う。

豊かな食生活を広く展開することで、農地の問題の深刻さが浮き彫りになった結果だと考えた方がよい。経済力の増強で稼いだ外貨を使い、外国からの、特にアルゼンチン、ブラジル、チリ、ウルグアイの南米諸国を、言ってみれば中国の穀物や大豆の備蓄国にしようとしているのだと。

ここで蚕食ということを考えてみる。蚕食というのは、「カイコが桑の葉を食べるという様」をいう意味であるが、良い意味では使われない。都市周辺の農地を無秩序に開発して住宅、大店舗、遊技場に転換して行くことも蚕食である。広辞苑では一歩踏みこんでこう書いている、「蚕食とは、蚕が桑の葉を食うように、片端から次第に他国または他人の領域を侵略すること」。

他国の国土（農地）の蚕食は植民地政策として日本も西洋列強も戦前には大がかりに行った。日本は中国東北部、旧満州である。日本の傀儡政権であった満州国政府は半官半民の満州拓殖会社という組織を作り、日本からの農業移民のための用地の買収と経営にあたるが、1936年に設立後、1942年までの5年間に2000万haの農地を獲得している。手ひどいこともやっている。満州で敗戦を迎え、朝日新聞の記者をされていた坂本龍彦さんは、「孫に語り伝える満州」という岩波ジュニア新書で以下のような話しを紹介している。

「その時代を体験した付連山老人はその当時、太平屯に住んでいました。5haの土地を耕し、農業機械と5頭の馬を持ち、家には7部屋ありました。それが日本軍に家を焼かれ、土地を政府に没収され、車馬は鬼子（外国人を罵る言葉、日本軍人の残虐さを表す言葉として日本鬼子が使われていた）に持ち去られて生活基盤を失ったのです。集落の人達200人は、2㎞ほど離れた祖先の霊を祭る場所に避難しましたが、日本軍はそこまでやってきて、逃げ遅れた100人を殺しました。1939年春、日本開拓団がやってきたとき、一帯には一戸の中国人農家もありませんでした」。

日本から移住した農業者は満州のこのような地域で大豆、粟、トウモロコシ、野菜、コウリャン、小麦などを作ってゆくわけであるが、それでは、日本人入植者はどのような様子であったのか。

雑誌「文藝春秋」は1983年（昭和58年）の9月号に、「されど、わが満州」という特集を組んでいるが、その中に作家の大滝重直さんの当時のルポ記事、日本人の開拓団長への聞き取り、がある。土地取得の実相があらわである。日本人の蚕食についての歴史的認識を正確に持つ、という意味から再録してみよう。

開拓団長：私の正直話しを、ひとつ、帰国のお土産話しに聞いて下さい。実は、生きて日本に帰ることは先ず出来ないと決心しましたよ。国家たるものが、これほど国民を欺いてはいけませんなア。開拓どころか、これは泥棒にきたようなものです。

大滝：具体的には、やはり土地の問題ですか。

開拓団長：そうです。開拓と言えば読んで字のように、未だ拓かれぬ土地を拓くわけでしょう。ところが、ここにきてみると、既耕地を時価の3分の1で満州拓殖会社が拳銃を腰に下げたままで買い上げたというんです。その上、期限付きで立ち退き命令です。彼等の家は、ご存知のように土で固めたものですから、少なくとも1年がかりで完成します。三年も四年もかかります。血と汗と涙で中国（筆者注、南から満州へ）から鉄路伝いに半年も一年もかかってきて、ようやく安居楽業の地と思った途端、日本人の出現です。…中略…、彼等の土地を二束三文で買収して、私たちに、これから民族協和だ、王道楽土の建設だと言われても、全く手も足も出ないというのが、今の心境です。

大滝：いったいどうしたものでしょう。

開拓団長：満州にいる漢人の殆どすべては河北地方の人達です。本家は向こうです。本家の人々を片っ端からやっつけて戦争を拡げながら、分家筋に当たる満州にいる弟分の土地をとり上げて仲よくしようでは…、日本の政治家も軍人も正気なんでしょうかね。欺された私にも責任があります。向かいの屯子（集落）の人々に土地を返して私たちが日本に帰ればいちばんよいのですが、日本の村の人から選別をいただき、財産も整理してきたものですから、考えると、名案もありません。いちばんよいのは、天皇陛下が、おまえ達を日本に呼び戻すことにするとおっしゃって政府に実行させて下さることですが…。

大滝：第一に陛下がこのことを御存じかどうか疑問ですね。大部分の日本人は御存じないでしょう。私も知らなかったのですが、ハルピン駅にいる洋車夫達の会話からこのことに疑問をもって愕然としたのです。

開拓団長：万一のことが満州に起こったら…、私は向かいの屯長（集落の長）に誠意をつくして家族たちを救っていただき、私は責任をとらせていただくつもりです。

中国東北部の満州での日本による蚕食はこのような形で推し進められていったのであるが、西洋列強によるアジア、アフリカ植民地における蚕食の特徴は換金作物のモノカルチャーである。植民地の人達の食料生産を二の次にして、商品として価値の高い棉花、ピーナッツ、コーヒー、砂糖キビなど、カネになる農産物の生産である。その流れを今でも引きずっており、今日の「南の食糧危機」の遠因ともなっている。

それでは、今の時代、蚕食はもう無いのであろうか。否である。かってのような植民地支配的な農地の略奪ではなく、通商協定という外交と、アグリビジネスの資本力による、一見平和的な、昔の武力を背景とした侵略とは異なった形の、外国人による他国の直接的あるいは間接的な農地と農業支配である。これも私は蚕食と考えたい。

外交という面では、2012年（平成24年）、中国の温家宝首相がブラジル、ウルグアイ、アルゼンチン、チリを訪問し、これらの国との間で農業協力の拡大に調印し、同時に必要なインフラ整備に中国国家開発銀行が100億ドルの融資をすることを明らかにしている。アルゼンチンでは、大豆生産地と港を結ぶ鉄道の近代化に融資枠の中の20億ドルをあてることを中国側に伝えている。

南アメリカへの進出は中国ばかりではない。日本の商社もブラジルで農業生産と輸出の事業に参加している。今までには見られなかった、経済力豊かな国による食料の取り合いが始まっている。

アグリビジネスによる蚕食については、北米自由貿易協定（ＮＡＦＴＡ）におけるアメリカとメキシコの以下の一断面（萩原伸次郎さん著）に明確に見ることができる。

「メキシコから米国への農産物の輸出はＮＡＦＴＡによって急増した。（中略）だが、このメキシコからの農産物は、その多くはメキシコ栽培農家によるものではない。国境を越えて進出した米国アグリビジネス、農業多国籍企業が、メキシコの農場を買い取り、メキシコの低賃金を使って栽培したものが大きな役割を果たしたのだ。（中略）ＮＡＦＴＡ成立によって貿易自由化が進行し、これを好機とみた、米国アグリビジネスが持ち込んだ大量の安価な農産物がメキシコの多くの農民を破産に追い込み、彼らは都市に流れ込み低賃金労働の供給源と化し、また米国への不法移民となった。また、農村に残った多くの破産に追い込まれた農民達は、米国アグリビジネスの下で働かざるをえなかったのである」。

環太平洋経済連携協定（ＴＰＰ）に関して、私は農産物の関税の問題と同時に、日本の美田と地味豊かな北海道の畑作地帯の農地の行方が心配でならない。水田も畑地も先に書いたように、先人が苦労して築き上げてきた持続的農業推進の世界的なモデルと言うべきものであり、イスラエルや中国の人達ばかりではなく、アメリカのアグリビジネスにとっても、垂涎の的であると思う。

初夏から秋にかけて、十勝帯広空港を離発着する航空機の窓からは小麦、甜菜、ジャガイモ、豆の畑をパッチワークのように美しく見ることが出来る。一つのパッチワークの面積は広く真っ平らである。雨の量も適度にある。豊かで、持続的農業が展開できる理想的な農地が日高山脈の下に拡がっている。

アメリカのアグリビジネスが日本の農地法（農地の私有権）を、「ＴＰＰ同盟国である自分達の利益に反する」と内国民待遇を求めてきて、それに屈してしまえば、メキシコのような状態に陥ってしまいかねない。

今、国内ではＴＰＰを踏まえてという大義名分の下に、これからの農業の方向が盛んに論じられるようになってきた。それ自体は結構なことであるが、見ていると、農地の企業への譲渡、というきな臭い論議もある。国内の企業、日本の商社、そしてアメリカのアグリビジネスの連携で日本の小農の土地が外国の蚕食の場とならないように農政の論議については注視と監視が必要に思う。

蚕食の過程でもう一つ問題になるのは、水の搾取、である。穀物1kgを生産するには約1000ℓの水が必要であるという。したがって、穀物1kgを輸入するということは1000ℓの水を生産国から輸入するということになり、このような水のことをバーチャルウオーター（仮想水）と呼んでいる。

先には、中国の穀物や大豆の輸入量の拡大のことを書いたが、我が日本の農産物の輸入量も非常に多く、その実態は後述することになるが、仮想水の量はトウモロコシでは年間145億㎥、小麦では94億㎥、大豆では121億㎥と計算されている。想像もつかないくらいのたくさんの量である。

農産物を買うということは輸出国の水を、言い方は悪いが奪い取っているということになる。なぜなら、地下水なり天水なりに1㎥いくらと価格と設定し、生産費にその価格を載せて農家あるいは輸出国が売ってはいないだろうからである。

これからの水の状況によっては、日本や中国が行っている大量の農産物買い付けは不可能になるかもしれない。それは地球の気候変動が既に始まり、これからは何が起きるか分からないような世界になりそうだからである。

2007年のIPCC（気象変動に関する国際間パネル）の地球温暖化に関する第四次評価報告書から、アメリカ、南米、オセアニアといった農産物輸出大国のこれからの環境変化の予測について見てみよう。

アメリカ：今世紀始めの数十年間の気候変化は、降雨依存型の農産物生産量を5〜20％増加させるが、地域間でバラツキが生じる。西部山岳地帯の温暖化は、氷原の減少、冬期洪水の増加などをもたらす。現在、熱波に見舞われている都市は、今世紀中にさらなる熱波に見舞われ、増える高齢者を中心に健康に悪影響をうける。

南米：今世紀半ばまでに、気温の上昇と土壌水分の減少で、アマゾン東部の熱帯雨林がサバンナになる。より乾燥した地域では、農地が砂漠化し、農作物の生産量や家畜生産量が減少する。温帯地方では大豆生産量が増える。

オセアニア：降水量の減少と蒸発量の増加で、オーストラリアの南部や東部、ニュージーランド東部などで、30年までに水不足が悪化する。増加する干ばつと火事で、農業や林業の生産が減る。

全体的に見て、地球温暖化にともなって、農作物の生産は水不足ということによって減少しそうだという予測である。アメリカについては、楽観的な書き方であるが、２０１２年（平成24年）には中西部の穀倉地帯で記録的な暑さと小雨で56年ぶりという大干ばつに見舞われ、トウモロコシや大豆の収穫量が大きく減少し、シカゴ商品取引所の価格が異常に高騰した。ＩＰＣＣの予測の中では、「地域間にバラツキがある」という文章に、２０１２年の大干ばつの発生を読み取るべきなのかもしれない。

先にも引用したフレッド・ピアスは『水の未来』の中で、「最大の仮想水の輸出国はアメリカだ。自然環境から引き出す水の３分の１を輸出している。この大半は穀物の栽培に使われ、穀物あるいは肉という形で輸出される。アメリカは大草原地帯ハイブレーンズなどの地下にある重要な水源を、輸出する穀物の生産で使い果たそうとしている」とアメリカの水事情を書いている。杞憂に終わればよいのだが、将来、アメリカを始めとした輸出国が穀物や大豆の輸出を停止したり、あるいは農産物価格に水の価格を上乗せした取引を迫って来るのではないかと考えることがある。

1974年に国連は、「水はエネルギー、鉱物に次ぐ第三の天然資源」と定義している。資源は産出国の富であり、宝であるが、生命の維持に関わりのある水資源の場合には、公平な配分という視点が欠かせない。

現在（2016年1月）の世界人口は約73億人であるが、それが2050年には約92億人になると推定されており、高い増加率が予測されているのはアジア、アフリカ、南アメリカである。

人口増加に対しての大きな課題が穀物を作る水の問題である。前記、フレッド・ピアスはこう警告している、「日本やEU諸国は仮想水を大量に輸入している。これらの国々はいずれも水不足ではないので、どれほどたくさんの仮想水を輸入すべきかについては倫理的な諸問題がある。一方、仮想水の輸入が国民の生死にかかわっている国々もある。イラン、エジプト、アルジェリアは、仮想水の輸入がなければ餓死の危険がある」と。

先にも書いたが、水に恵まれている日本は裏作をも含めて満度に耕地を活用して食料の生産に努め、世界の人々への公平な水の配分に、少しでも貢献する義務を持っていると考えることはできないだろうか。

引用文献

（1）『清水町百年史』北海道清水町、2005年
（2）フリー百科辞典ウィキペディア「愛知用水」「那須疏水」2014年2月15日アクセス
（3）『日本史広辞典』「愛知用水」「信玄堤」、山川出版社、1997年
（4）富山和子『日本の米』中公新書、中央公論社、1993年
（5）平成23年版「食料・農業・農村白書」参考統計表、農林水産省、2011年

（6）『日本国勢図会　第70版　2012／2013』矢野恒太記念会、2012年
（7）『ポケット農林水産統計　平成19年版』農林水産省、2007年
（8）「国産稲わら利用拡大調査事業報告書」全国農林統計協会連合会、2008年
（9）フリー百科事典ウィキペディア「福島第一原子力発電所事故」2014年2月22日アクセス
（10）「放射能汚染稲わら」関連記事『日本農業新聞』2011年7月21日
（11）国立天文台編『理科年表　第81冊』丸善株式会社、2007年
（12）湯浅赳男『文明の中の水』新評論、2004年
（13）フレッド・ピアス『水の未来』日経BP社、2008年
（14）「中国の食料輸入」関連記事『日本農業新聞』2013年2月2日
（15）坂本龍彦『孫に語り伝える満州』岩波ジュニア新書、岩波書店、1998年
（16）「されどわが満州」『文藝春秋』1983年9月号
（17）「中国、南米に急接近、トウモロコシ・大豆など備蓄探る」関連記事『日本経済新聞』2012年6月29日
（18）萩原伸次郎「TPP急浮上の背景」『農業と経済』2011・5臨時増刊号、昭和堂、2011年
（19）「IPCC第4次評価報告」関連記事『日本農業新聞』2007年5月1日
（20）「大地とともに」日本農業新聞、2014年3月11日
（21）「エネルギー基本計画閣議決定」『朝日新聞』2014年4月12日
（22）栗原ら「気候温暖化に対応した乳牛の飼養法」『九州農業試験場報告』29号、1995年

2 米と畜産物（日本人と米）

日本人と米（稲作）について考えてみる。２０１３年（平成25年）、ＴＰＰに関する国内論議が盛んに行われ始めた時期に書き留めたものである。

日本の稲作は弥生時代に入り、青銅器や鉄器の水田耕作への利用により全国的に広まり、稲穂がたなびく「瑞穂の国」の情景はこの頃から列島横断的に見られるようになった。先に書いた「水の確保」の苦労も、この古代から始まっている。

日本列島が桜の季節を終えると、人は田に入り、一年の生産活動が始まる。稲の収穫が終わるまでは、昔から兵も出来る限りは動かさない、荒らさない、村も人も全て田と稲を基軸に動いてゆく。食も祭りも、家族のありようも、結婚、社会秩序、政治も経済も、全て稲がその中心にあったと言っても過言ではない。武士の給料も何石、何人扶持と米の量を単位として支給されていた。

弥生の時代から今にいたるまで、日本と日本人は米と苦楽をともにしてきた。五公五民というような重税、田畑永代売買の禁令、飢餓と打ち壊し、米価の高騰と買い占めそして米騒動、戦後の食糧難等々と、米と稲作は時には重たく日本人の生活と心の中に沈殿することもあったし、一方では主食として日本を支える存在でもあるところから、神事にはお米を備えて五穀豊穣を祈り、田の恵みに感謝する祭りを怠ることは決してなかった。

米と日本人の濃密な関わりは日本人の姓名の中にもはっきりと現れている。「田」のつく名前が実に多い。上田《じょうでん》、中田《ちゅうでん》、下田《かでん》はその田が地味に肥えた所か、痩せている所かの意味を持つ名称であるが、それが今、うえだ、なかた、しもだ、という姓名で残っている。岩田、砂田、段田、石田、窪田、谷田、塩田、丸田、角田、長田、磯田、深田からは耕作していた田の形と性質が命名の基になっているなと想像されるし、栗田、梨田、柏田、樫田、花田、楠田、桜田、竹田、鶴田、園田からは田の情景が脳裏に浮かんでくる。姓名だけではなく、地名にも田のつく所が多い、地も人も田との関わり無しにはありえなかったのでは、と思わせるほどである。

1991年（平成3年）頃、今から25年前くらいの時、「コメの自由化」の論議が国内で沸騰した。WTOガット・ウルグアイラウンドでの農業交渉を背に受けたもので、「ひと粒のコメたりとも輸入せず」が日本の主張であった。国会決議もしている。

コメ市場の開放に関する外国からの圧力に屈することは、日本の食と文化が破壊されるという非常に強い危機感が世論の多くを占めた。

コメの自由化反対の論陣を張ったのは、農業関係者ばかりではなく、井上ひさしさんのような作家、主婦、政治学者、経済人といった多彩な人達がこの輪に加わった。

その論点は、「食料の安全保障」、「食のありかた」、「生産の規模と技術」、「農山村の活性化」、「日本文化」、「水田の環境保全機能」、「農村と都市の交流」、「世界の貿易」、「国際協力」、「GNPと農業」と多様多岐にわたった。

この交渉は1993年に結着する、結着の内容は「コメについては、最低輸入量（ミニマムアクセス）

は初年度（1994年）には消費量の4％（37万9000トン）、6年目（1999年）に8％（75万8000トン）輸入が行われる」というものである。

米輸入の突破口が開かれた、風穴を開けられたというのが、日本と日本人の正直な気持ちだったと思う。そして今（2013年、平成25年）、今度は米の輸入時の関税撤廃の議論が盛んである、いわゆる環太平洋経済連携協定、TPPの論議である。

アメリカではカリフォルニア州でもコシヒカリが作られている。個人の農家が80 haとか、140 haという大面積で耕作しているが、水田農家の精米の販売価格はkg当たり、35～46円だそうである。一方、2012年度の国内産の米の価格（出荷業者と卸売業者の相対取引価格）の平均はkg当たり278円で、両者の間には6～7・9倍の価格の開きがある。そのために今は778％という関税をかけて、国内の米生産を保護している。

TPPは、原則的には関税ゼロを目指す貿易協定であり、そうなると、価格的にはかなわない。安い米がたくさん入ってくる可能性は否めない。ガットの時とは比べようもないほどに、日本の稲作農家にとっては危機となる。

しかし、国内の反応は当時とは様相が少し違う。TPP反対運動の声に前とは違って多様性がない。当事者、関係者と政府の間の議論が主で、いわゆる、市民の声が少ない。

何故だろうか、「米は日本人の精神、日本文化の基幹、命の糧」という意識、日常生活の中で潜在的に心の中に秘められている郷愁（ノスタルジー）ともいうべきものが、ガットの時には噴出したけれど、今は噴出させるほどのエネルギーにはなっていない、そういった米に対する信仰にも似た気分、それは古代から日本人の遺伝子の中に刻み込まれていたはずのものが、市民の心の中からは消えつつあるからだと思う。

昔と今の日本人を取り巻く環境の変化が遺伝子の発現に変化をもたらしていると考えざるをえない。

その理由は、米消費量の減少、輸入食料の増加、嗜好性の変化、食環境の変化（食と農の乖離）、所得格差の増大、教育、都市部への人口集中、生活の中でのものを考えるゆとりの喪失等々であろう。

たとえば、「米消費量の減少」を見よう。１９６２年（昭和37年）、私が大学の1年生の時であるが、日本人1人当たりの米の消費量は１１８・３kg、60kgの米俵で約2俵であった。下宿での朝食、味噌汁と納豆と白菜の漬け物で、山盛りのご飯を軽く2杯は食べ、昼食は学食でドンブリの大盛り白飯を、夜は下宿のご飯をしっかりと食べていた。米の1人当たり摂取量は、その後、どんどんと減ってゆく。２００６年（平成18年）には61・０kgと、約1俵、44年の間に約半分になり、２０１２年（平成24年）は56・３kgである。１９９５年（平成7年）以降、毎年０・６kgの割合で米の消費量は減少してきている。

いわゆる米離れが、何処まで進み、それによって、日本民族の精神的な基盤がどこに向かうのかが関心事というか、心配事の一つである。

このような事を考えさせられる調査結果がある。２０１３年（平成25年）6月26日の朝日新聞には世論調査の結果が発表されているが、その中にＴＰＰ交渉に関するものも含まれている。

調査結果の概要は、①ＴＰＰ参加については賛成が46％で反対の38％を上回った、②賛成の理由は、輸出産業などが伸びるからが54％、外国の食品が安く入るからが25％、アメリカとの協調が大切だからが12％、③反対の理由は、外国の食品の安全性に不安があるからが39％、農業などに打撃があるからが37％、アメリカの主張を押しつけられるからが21％、④地域別の調査結果は、北海道は反対が過半数、東京都市圏およびその周辺は賛成過半数、東北と九州は反対が5割に達しなかったが賛成を上回った、東海・中部・近畿・北陸は賛成が反対を上回る、中国と四国は賛成と反対が同数、というものである。繰り返しになるけれども、ガットの時と世相が変わったなと感じる。

このような日本人の米に関する関心への希薄化は、米の消費量の減少を誘導している食生活の変化と、そして都市生活者の精神構造の中での食と農の遊離がもたらしていると思うが、ここでは、日本が高度経済成長期に入りかけの昭和30年代中半(1960年(昭和35年))から2012年(平成24年)までの52年間の食素材の種類と量、そして自給率の変遷を振り返ってみる。

1960年(昭和35年)はどんな時であったろうか。おめでたい事としては、前の年に結婚された現天皇陛下と美智子妃殿下との間に、現在の皇太子の徳仁親王が誕生されている。しかし、波瀾の年でもあった。第2次岸内閣は安保改訂阻止のデモ隊に囲まれ、全学連の学生が国会に突入し、警官隊と衝突、東京大学の学生であった樺美智子さんが死亡している。

岸内閣は新安保条約の国会承認のあとに辞職し、その後を池田勇人が継ぐが、池田内閣は所得倍増政策を掲げ、ここから高度経済成長がスタートする。この年には、カラーテレビの本放送が始まり、インスタントラーメンやインスタントコーヒーが登場する。

人口は約9300万人と2010年(平成22年)の国勢調査時の1億2805万7000人よりも約3500万人少ない。高度経済成長期の特徴的な事象の一つである都市への人口の移動・集中は未だ起きていない、しかし、それを間近に控えている時期であった。

1960年(昭和35年)と2012年(平成24年)の国民1人当たりの食料供給量を比較してみる。先ず、総供給量では1960年が390・8㎏であるのに対して2012年が462・7㎏と72㎏も増加している。食の供給は豊かになっている。

次に主だった食材を見る（1960年—2012年の㎏数）と、米は115・4—56・3、イモ類は32・9—25・8で炭水化物源は大きく減少している。しかし、同じ炭水化物源でも小麦は20・6—30・5と28％も増加している。

蛋白質源はどうだろうか、豆類は10・1—8・1と20％減少しているが、肉類は5・2—30・0、タマゴは6・3—16・8、牛乳乳製品は22・2—79・5と動物性蛋白質の供給量が肉類で5・8倍、タマゴで2・7倍、牛乳乳製品で4倍と大きく増加しているが、同じ動物性蛋白質である魚介類は27・8—28・4と変化は小さい。1960年の1日1人当たりの蛋白質供給量の中で魚介類の占める比率は21％であるが、その値は2012年でも20％と殆ど変わらない。野菜と果実をみると、野菜は99・7—93・2と7％程度減少しているが、果実は22・4—38・1と70％も伸びている。糖質と脂質についてみると、砂糖は15・1—18・8、油脂が4・3—13・6と、砂糖はそんなに多くなってはいないが、油脂の増加が顕著である。

日本人は高度経済成長期を経ることによって、食を洋風化してきた、米が嫌いになったからではなく、蛋白質、脂質、果汁糖類と多様な美味なるものを食することができる社会になって、結果として米の消費量が減ってきたのである。第二次世界大戦後の食糧難、ギンシャリ（銀舎利）とあがめられてきた、米を至上の物とする日本人の価値観が時代の流れの中で次第に変化し、1970年（昭和45年）には減反政策が開始された。

ここで少し話を変えて、昔話をしたい。1960年（昭和35年）、私は高等学校の1年生で汽車通学をしていた。皆、弁当持参であるが、その姿・形は今の弁当とは大いに異なる。おかずは芋やカボチャの煮物、ニンジン炒め物、煮豆、タクアン、サンマの煮物、油揚げの醤油炒めといったもので、秋になるとカボチャが多くなってくる。カボチャの色素（カロテン）は色白の女子高生の顔と手を黄色に染める、季節の顔色と言ってもよい。

家に帰ってからの夕食は、カボチャやニンジンの天麩羅の日もある、朝食の味噌汁には毎日、カボチャと芋がしっかりと入っている。どれだけのカボチャと芋（ジャガイモ）を食べたことだろうか。

時々、母が作ってくれるカレーライスは「肉無しカレー」である。肉はお正月に一度だけ、それもほんの少しお目にかかるだけの食材であった。

その頃から、貧乏生活を少しでも改善しようということだと思うが、我が家ではニワトリを飼い始めた。タマゴの販売代金から副収入を得るという両親の考えがそうさせたのであろう。その余録として鶏肉を食べる機会がほんの少しだけ増えた。タマゴを産まなくなった廃鶏を淘汰して、その肉をいただく、それが楽しみであった。

どうするか、大抵は冬、正月頃であったが、母がニワトリの脚をつかんで頸を雪の上に置いた木製の台上に据え、鉈《なた》で頸を一刀両断、母は頸のない胴体を雪の中に放り投げる、ニワトリは周囲に血を吹き散らしながら、やがて静かになる。放血という処置であるが、「よくやるなあ」という思いで私は見ていた。昔の母親は強かった。

魚はどうであったか、その時代には動物性蛋白質の重要な供給源としての地位にあったが、魚には「旬」があった。春はニシン、初秋はサンマ、晩秋にはサケと、魚種は今と較べると季節限定的であった。

街の魚屋には春にはニシンと干物しかないという時もある。

そういった中で、時には、一つの家庭で生魚を箱で購入するということもあった。北海道十勝の幹線道路、国道38号線を木箱満載のトラックが魚を積んで、街から街へと行商にやってくる。ニシンが多かった。一箱には50匹以上は入っていたように思う。奥さん達はニシンの腹を割き、カズノコや白子を取り出して、その後、内臓を除去して、骨付きのまま、そのまま料理に使ったり、あるいは天日干しにして保存する。家々の庭の天日干しの風景が春の季節を飾っていた。

何故、「旬」があったのか、それは流通・販売過程での冷蔵・冷凍輸送、家庭での冷蔵庫という流れ、いわゆるコールドチェーンシステムが整備されていなかったからである。

これがこの時代の一つの特徴であった。

話を元に戻そう。１９６０年と２０１２年との栄養摂取量の比較である。２０１２年は１９６０年に較べて一人１日当たりの供給量は蛋白質が約10ｇ、脂質が約48ｇ、熱量は１４０ｋｃａｌ増加しており、また、栄養素の質でも向上が見られる。

米などの植物性蛋白質に較べて肉類・タマゴ・牛乳乳製品の動物性蛋白質はヒトの体内では合成できないリジンやメチオニンなどの必須アミノ酸を多く含み、それ故に皮膚や筋肉、臓器の発達に対して有利に働く。脂質は細胞膜の構成成分として、またホルモンやビタミンＤ、胆汁酸の構成成分としての機能・働きを持つ。牛乳乳製品の中には吸収率（利用率）の高いカルシウムが含まれ、骨格の形成に寄与する。

野菜のカルシウムの利用率は22～74％であるが、脱脂粉乳のカルシウムの利用率は85％と高く、脱脂粉乳と野菜を同時に摂取することで野菜のカルシウムの利用率も向上することが知られている。家庭や学校給食で牛乳と野菜を摂取している今の子ども達は骨の成長が促進され、骨格筋が良質の蛋白質の摂取で発達し、バランスのとれた体躯に育つ食環境が整えられてきた。

昔はよく見られた栄養不足の洟垂《はなたれ》小僧はいなくなり、短いダイコン脚の母親からは、スンナリと長い脚の、そして美形の娘たちが育ち、街を闊歩している。昔は、「天は二物を与えず」と言い、そうだなと思うことが多かった。

中学、高等学校の同級生で成績優秀な女子生徒は、小さくて、メガネをかけ、お世辞にも美人とは言えないヒトが多かったように記憶しているが、今では、「美人で、小股が切れ上がり、頭が良くて、歌が上手で、スポーツマンで」と、二物どころか三物も四物も兼ね備えている女性が多くなっている。社会が素敵な栄養素を与え賜うた結果であり、骨格と顔は洋風化してきている。

さて、ここで話の向きを変えて、「米と畜産物」の日本の中の位置について、歴史の中に入り込んで考えたいと思う。

もう大分前になるが、1974年（昭和49年）にニクソンショックが日本を襲った。アメリカが農産物の輸出規制を行い、そのために日本国内では配合飼料の価格が高騰し、自殺者も出るくらいに畜産農家の経営が危機に瀕する事態になってしまった。

その当時、私は国の畜産試験場の労働組合の役員をしており、食糧問題に関する研究会や、集会に出る機会が多くあり、その度に、「畜産の危機」を訴えるのだが、農業関係者、特に耕種農業の研究者達の反応は鈍く、逆に、冷たくさえあった。

「畜産は多くの穀類を輸入し、効率の悪いロスの多い食料生産をやっている。迂回生産で牛肉1kgを作るのに8kgの、豚肉1kgを作るのに4kgの穀類を消費し、家畜糞尿は環境を汚染している。我々は開発途上国の食料事情を考えるべきであり、日本型の食生活を今の時点で見直すべきである。日本人は米の飯と味噌汁、納豆、魚でいけるんだ、それが原型だ」、畜産はけしからん、という調子であった。

この時代、先に書いたように米離れが進行していた。1970年（昭和45年）には供給過剰で、余剰米が720万トンにも達し、この年から減反政策が開始されている。

だから、米の関係者（耕種農業研究者）から見ると、生産と消費が伸び続ける畜産と畜産物がうらやましくもあり、成り上がり者として苦々しく思っていたに相違ない。しかし、夕方の懇親会では、そういった人達ほど、肉製品をオードブルの皿から我先にと取り、おいしそうに食べていた。

「瑞穂の国」の長い歴史の中では、現代の肉食は確かに、成り上がり者である。何故そう言えるのか、日本の歴史の中における牛肉食のことを考えてみよう。

奈良時代の殺生禁断の布告から徳川政権崩壊までの間の約1200年間、表向きには牛肉は食卓には上ってはならないものであった。仏教の戒律である「殺生の禁止」がその背景にあることは周知のとおり。しかし、それだけではなかった、少し込み入った事情があったようである。「日本畜産史」の中で、加茂儀一さんはこう語っている。

「当時の日本（奈良朝）の社会ではそれぞれに固有の生活様式を持った、土着の日本人と、外来の種々の民族とが併存あるいは混在していて、その間に肉を食する外来民の生活が安定し、彼等の経済力が増すにつれて、政治的・経済的に複雑な情勢が生じ、そのことが大和政権の政治的統一の完成のうえからも社会的に問題となり、その結果、この問題に対する対策の一つとして肉食禁止令が詔勅の形において出されたものであると思われる」。

統治の一手法として、国策である仏教の教義、「殺生の禁止」が使われたという考え方になる。

しかし、別の見方もある、「殺生禁断」が天皇個人の思考の基礎にあったとするもので、どういうことかと言うと、天候の不順、特に干ばつなどで米等の五穀が不作になりそうな、あるいは、なった場合に天皇はそれを自分の不徳として、種々の善政を布くと同時に、肉食を禁止したり、飼っている家畜を野に放つ（放生）を奨励したりしている。そのことについて、平林章仁さんの『神々と肉食の古代史』の中に引用されている原田信男さんの記述を紹介しよう。

「天武天皇四年四月の狩猟規制と肉食禁止は、稲作の豊穣を祈願する広瀬・瀧田神社の国家祭祀の始まりとほぼ同時であることから、（殺生禁断・肉食禁止）の真の目的は稲作を中心とする農耕の推進にあり、国家的農耕祭祀に連関する政策である。農耕期間中は肉食と飲酒を禁忌とし、稲を自然の災害から守ろうとした。古代には肉食禁止が問題対処の一方法とする思考が存在し、これに仏教思想を導入して農耕儀礼として整えたのが初期の殺生禁断令である」と。

とにかく、米が常に上位にある。米作にとって肉食は「邪」の存在だった、この時代は、そして、こういう精神構造で明治になるまで、日本はずーとやってきた。

今は「お米」が家畜の飼料としてかなりの量が使われている。１２００年前を振り返ってみて、隔世の感がするというのも何やら大仰な言い方になるけれども、当時の人（天皇や朝廷の）が今の、その様子を見たら何と言うのだろうか。

次に牛乳の話、牛乳は畜肉とは様子が異なる。大化の改新によって中央集権国家の体制を整えた大和朝廷は大宝律令を制定し、国政の理念を固め、行政機構を整えるが、その中で、牛の飼養、乳製品の生産、管理についてもきちんと制度化している。諸国には官営牧場、今で言うならば御料牧場が整備され、そこで作られた蘇が朝廷に届けられている。蘇というのは牛乳を煮沸し、冷却した後、浮いた皮膜を取り去り、また煮沸・冷却を繰り返して濃縮したものであったようだ。

牛乳・乳製品は「邪」ではない、仏典は牛乳の飲用は禁ずるどころか、滋養剤として尊重さえしている。それを朝廷の人達はご存知だった。

しかし、その当時の牛は、今の乳牛（ホルスタイン）にように1日に30kgも、40kgも乳を出すことはない、在来のたぶん小さな牛だったろう、その牛が子供を産んだ時に、子牛のおこぼれを乳製品の製造に使っていたのだろうから、量も少なかった。高貴な人の分だけで、庶民にまではとても届かない。

牛乳の生産・管理を司る役職を乳長上《ちちおさのかみ》というが、この制度は平安時代にも引き継がれてゆく。

時代が進んで、次に牛乳が出てくるのは江戸時代、八代将軍徳川吉宗の時である。彼は搾乳牛（白牛）を外国から導入して、安房嶺岡（千葉県）の牧場で飼育を始める。牛乳は酪に加工され江戸城に運ばれる。酪というのは牛乳に砂糖を混ぜ、とろ火で煮詰め、固めた黄褐色の石鹸状の食べ物であったらしい。やはりこの時代も、乳製品は高貴な人達の専有物で庶民とは縁遠いものでしかなかった。

今までコメ、牛肉、牛乳について奈良時代からの「ありよう」をみてきたが、次に近代に目を転じてみよう。近代以降、畜産物の消費に大きな変換をもたらせたことに、大きく二つのことがある。一つは、明治期の文明開化政策、もう一つは昭和期の高度経済成長であるが、後者については先に触れたので、ここでは明治期の動きを少し紹介しよう。

肉食禁止は天皇の意志と仏教の教えに基礎を置くと書いてきたが、1872年（明治5年）、天皇が肉を食べ、僧侶に対しても肉食妻帯が許される。この二つが肉食の開放宣言になった。

また、牛乳についても明治の初めには東京に牛乳を生産・販売する会社ができ、福沢諭吉は腸チフスを患った際、牛乳をクスリとして飲んでいるし、育児栄養のため、健康のためにという認識のもとに、次第に市中に広がっていったようである。

そして、東京市中では、牛鍋屋が盛んとなり、それは豚肉の消費拡大にも連鎖し、畜産物の消費は明治中期頃より次第、次第に全国に拡大してゆく。

このような畜産物の消費拡大は富国強兵策の一つではなかったかとも考えられる。兵の体力を増強し、涵養するために畜産物の持つ高い栄養価に期待するところが大きかったのではないだろうか。

1904年（明治37年）に日露戦争が始まるが、戦線の拡大とともに牛肉の需給が逼迫してくる。戦場の兵士への牛肉の缶詰の供給量が増えたためなのだが、その結果、市中へ出回る牛肉が少なくなり、牛肉不足、価格の暴騰が起きたことがあったと記録されている。

このような畜産物の消費拡大に併せて、明治政府はその基盤作りもしっかりと行っている。例えば、屠畜場の整備や、家畜の改良のための種畜の外国からの導入などである。

白黒ブチの乳牛、ホルスタインは1885年（明治18年）にアメリカから導入されているし、肉用牛の代表的存在である黒毛和種牛（和牛）の改良のために、主にイギリスから種々の品種の肉用牛が移入されている。

やがて大正期となり、昭和へと移って第二次世界大戦を戦い、戦後を迎える、この時代の流れの中で次第に畜産物の消費量が多くなり、洋風化という言葉で表される食生活が都市から地方へと拡がり、浸透し、今の時代、定着していると言ってよい。

それにともなって、これから先、一緒に考えていただくような、食と農の乖離、食料自給率、食料の安全保障といったような問題をこの国土の中に沈殿させてきている。

明治期になり食肉禁止の「くびき」から解放された日本民族は昭和の経済成長を踏み台にして、デンプン食から蛋白質・脂肪食への比重を高め、今は表面上、見かけの上では豊かな食生活、バブリーな食の世界の中にあるが、バブルというのは裏側に大きな問題を抱え、破綻の材料を溜め込んでいる。しかし、食は個人の領域の問題であるから、「ああせい、こうせい」という問題でもない。

公《おおやけ》ができることは、食の緩衝能を少しでも高めて、食の安定供給を図ってゆくことであるが、それについては、後に触れることとして、次回は、「食と農の乖離」について考える。

参考文献

(1)村上直久『WTO—世界貿易のゆくえと日本の選択—』平凡社、2001年
(2)阿部亮「酪農を始めた男達」2007年（平成19年）3月（自費出版）
(3)国際農業交流基金「ウルグアイラウンド農業合意と我が国農業」1994年3月
(4)笛木昭『多様な世界農業を見る』デックス、2005年
(5)『朝日新聞』2013年6月26日、18面
(6)加茂儀一『日本畜産史（食肉・乳酪篇）』法政大学出版局、1976年
(7)畜産振興事業団「牛肉の歴史」1978年（昭和53年）9月
(8)阿部亮「米と牛肉」『全畜連会報』479号、全国畜産農業協同組合連合会、2008年
(9)平林章仁『神々と肉食の古代史』吉川弘文館、2007年

3　食と農の乖離

前回は日本の高度経済成長期が始まりかけた頃（１９６０年・昭和35年）から２０１２年（平成24年）までの食料供給の変遷の姿を見てきた。その主な特徴としては、米・味噌・魚主体の食生活から畜産物・油を多く摂取する洋風の食生活への移行、食料供給量の増加つまり豊かな食生活への変化である。

それがどのような影響を日本社会にもたらしてきたか、ここでは、食と農の乖離、というテーマで考えてみたい。

「食と農の乖離」というのは何を指して言うのか。広辞苑では、「乖離とは、そむき離れること、はなればなれになること」と述べられている。

１９６０年（昭和35年）頃の社会では多くの地域でヒトの居住空間の中や近くに農地があり、作物・野菜や家畜を見ることが出来た、手に触れることもできた。多くの日本人はそのような環境の中で生きていた。東京であっても、都心を少し離れるとそういう圏域が拡がっていたと思う。

今はどうか、都市住民の多くはそのような環境の中での生活ではなく、また、ヒトと農との間に食品流通業という巨大システムが入り込み、両者を分断する社会構造になっている、というのが実相であろう。

スーパーマーケットでは骨の付いた肉や土の付いた野菜を見ることはできない。食物の原形を知らないままに都市の子ども達は育ち、女性ならば結婚して子供生み育てる、その子ども達の多くが同じ環境下で大人になり、ますます、原形から遠ざかる。

食の原形を知らないのだから、農とはどのような姿か形なのか、農家はどのような仕事を日常的に行っているのか、それは遠い景色でしかない、農という対象に対する関心も希薄になる。このような現象を、ここでは、「食と農の乖離」と呼ぼう。

以前、私が日本大学の生物資源科学部に勤務していた時のこと、確か２００３年（平成15年）頃だったと思うが、茨城県の酪農家に学生達を連れて乳牛の飼養管理についての調査を行った。

６戸の酪農家に学生を2名ずつ配置し、３日間、早朝から夕方まで牛舎の中で牛を相手に、血液や尿を採取したり、飼料の摂取量を測定したり、体温や呼吸数を測定したりとデータ採りを行うのだが、それとは別に学生達と酪農家との懇談の場も設けた。その時のある酪農家の奥さんの話しを紹介しよう。

「ここは水戸市の奥ですが、最近では住宅地が牛舎の周りにも迫ってきて、新住民の人達が増えつつあるんです。牛舎の臭いが出ないようにと気をつけているんですが、仲良くなることが大切だと考えて、若い奥さん達に遊びに来てもらって、ヨーグルトを作ってご馳走するんです。そうすると、とても美味しい、美味しいと言って、牛乳なんか沸かしてあげると、これ美味しい、毎日飲みたいからビンをもって買いに来ますって、それはありがたいけど法律があって、それを今は出来ないのよ、というような話しもして酪農の理解者になってくれるんですけど、先生、いやになっちゃうの、今の都会から嫁いできた若奥さん達は、牛って1年中、３６５日休み無く牛乳を出すものだと思っているの、自分だって、子供を産んで、その後にだけ母乳が出ることは分かっているのにねえ、牛はミルクを出す機械のように思っているんですね」。

私はさもありなんと苦笑しながらも、「奥さんは良いことをされている。若い奥さん達に、もっともっと酪農の話をしてあげて下さい。それは新住民の皆さんの家庭内での話にも拡がってゆく、それがひいては、この世の中で果たしている農家と、農業の役割の大切さを浸透させてゆくことになると思います」と言ったことを記憶している。

それから、これも私が日本大学にいた時のことであるが、食品リサイクル関連の研究の中で、神奈川県の一般廃棄物処理業者の方と食品廃棄物の種類と量の調査をしたことがある。調査箇所の一つに美味しいと人気のパン屋さんがあった。ここでは、「焼いてから4時間を過ぎるとパンの美味しさが半減するから、それは廃棄してしまう」という。

店の裏手にある物置にはパンがたくさん詰められたビニール袋が置いてあった。「これを回収して焼却処分にするんです」と廃棄物処理業の人は言う。作物を作ることの苦労を知っていると、決してそんなことは出来ない。

また、私たちが小さい頃には、両親や祖父母から、「ゴハンは例え一粒でも茶碗に残してはいけない。お百姓さんが苦労して作ったものなのだから、ありがたく、大切にいただきなさい」と言われる日常であった。

今は、趨勢として、それを言うべき親たちは少ない、その言葉が自然に口をついて出てくるような生産体験や、食体験を残念ながら持っていないから、言えない、言っても説得力がない。これも、食と農の乖離が生み出す一つの現象である。

2005年（平成17年）の2月、ケニア出身のノーベル平和賞受賞者のワンガリ・マータイさんが日本にきて、「もったいない」という言葉に出合う。

彼女は、「自然や物に対する敬意、愛などの意志をこの言葉のように、一言で表す言葉は他にはない」というところから、この言葉、「もったいない」を世界に発信した。本来ならば、日本人の持つ美徳として世界に発信、と言いたいところだが、現実は先のとおりである。日本人が豊かな生活の中で喪失してしまった感性をマータイさんが呼び起こしてくれたのである。

彼女は環境保護の活動家である。環境問題を考える時のキーワードの一つとして、この言葉を世界に紹介してくれたことに対して、感謝すべきであると同時に、日本人としても、改めて日常生活の中で噛みしめるべき言葉であろう。

それでは食と農の乖離はどこから始まったのか。それは高度経済成長期における農業生産地帯と消費地帯の分離から始まっていると思う。その有り様は後述するが、その時代以降、現在までの間、食農一体地域である農村では人の数と活力を衰微させ大都市圏に人口を集中させてきた。

都市の生活者の多くは、「簡易さ」、「便利さ」、「均一さ」、「美味しさ」、「経済性」、「健康の維持」、「安全性」、といった日常生活の中での「食の機能性」に近視眼的に目を向け、関心を持ちはするが、とても食と農との繋がりにまでは思いを巡らせ得ない状況がずーっと続いている。唯一、関心が高まるのは食の安全性が脅かされるような報道に接した時だけだと私は感じてきた。

「食と農の乖離」は食料自給率の低下によっても誘導されてきた。食料現物総合自給率は１９６０年(昭和35年)が89・６％と高かったけれども、２０１２年(平成24年)には59・６％と低下している。個別の素材について見ると、米とタマゴの自給率１０２％と１０１％が96％と95％へと僅かな変化であるが、その他の多くの食料は自給率を大きく下げている。減少率の激しい物では小麦が39％から12％、デンプンが76％から8％、豆類が44％から10％、野菜が100％から78％、果実が100％から38％、肉類が93％から55％、牛乳乳製品が89％から65％、魚介類が108％から53％、油脂類が42％から13％へといった具合である。

しかし、私たちが政府の統計で食料の自給率を見る時、それは現物の自給率ではなく、供給カロリー（熱量）ベースの自給率％で、この値は1960年（昭和35年）が79％であるが、2014年（平成26年）は39・2％と非常に低くなっている。非常に、というのは先進諸外国と較べてである。2009年（平成21年）の日本は40％であるが、アメリカは130％、カナダが223％、ドイツが93％、フランスが121％、オランダが65％、イタリアが59％、イギリスが65％、オーストラリアが187％と、いずれの国も日本よりかなり高い。

2010年（平成22年）3月、当時は民主党の政権下であったが、カロリーベースでの食料総合自給率を2020年（平成32年）には50％に上昇させようという目標を掲げたが、とても、今の様子ではその域には達しそうもない。

多くの人は40％前後の自給率という現実を、常識的な数字と思って、日常生活の中では大した問題ではないと思っているかもしれない。この数値は、以下のように計算される。

品目別自給率を先ず計算する。これは、国内生産量÷国内消費仕向量で求められるが、数値は「五訂日本食品標準成分表」の各品目の熱量（カロリー数）と各品目の重量から計算される。次に各品目の数値を足し上げて国産熱量と総供給熱量が出される。これは、1人・1日当たりの国産供給熱量を1人・1日当たりの供給熱量で除したものに相当、と農林水産省の資料では注釈されている。

２０１４年（平成26年）度の国産熱量は９４７ｋｃａｌ、供給総熱量は２４１５ｋｃａｌであり、自給率は39・２％と計算できる。

つまり、一朝、異あり、輸入食料が途絶した時には、日本人は平均して１日９４７ｋｃａｌで生きてゆかねばならない状況に置かれている。とても、安閑としておれない筈であるが、「不都合な真実」を見たくはない、そんなことは無いと思考を拒絶し、停止することで問題から逃げ、その結果、「食と農の乖離」に拍車がかかっている。

逃げてはいけないと思う。種々考えよう、例えば農地と人口の関係、１億２７００万人の人間が、これだけ豊かな食環境でいて、食料自給率を１００％というのは、それはどう考えても無理だろうけれども、どれだけ自給率を高めておけば、一朝、異ある時に、たちまち窮するのではなく、暫くは籠城できる環境、つまり緩衝能を高めることができるかを考えねばならないと思う。

国民１人当たりの農地面積は２００８年で、日本が４ａ、イギリスが29ａ、アメリカが１３２ａ、フランスが47ａと、確かに日本は非常に狭い。

１ａは10ｍ×10ｍで１００㎡の広さである。４ａ、４００㎡には耕地と牧草地の両方が含まれるが、この面積からどれだけの食料が生産できるであろうか。今の食料の供給量からとの対比で仮想計算をしてみよう。

米は56㎏の供給量として、これには１・１ａが必要、小麦の供給量は33㎏で０・８ａ、豆類を大豆とすると８㎏の供給のためには０・５ａが必要、野菜をホーレンソウとすると０・７ａが必要、残りは０・９

a、この残りの土地から肉、タマゴ、牛乳を飼料を作りながらどれだけ多くの畜産物が生産できるだろうか、そのためにはどんな創意と工夫が必要だろうか。

この数年、TPPを背景としてだと思うが、「強い農業」という言葉が語られ、政策が推進されている。それが実現できなければ日本農業は駄目になると言わんばかりである。

どんな姿かと読んでみると、「輸出の促進」、「大規模化」、「生産効率の向上」等々の内容である。私は、「どれだけ緩衝能を高められるか」を基点として農業政策を考えることが大切だと思う。上に書いたような事をバカにせずに、考えないといけない地球環境になると私は思っている。

話を変える。

農村から都市への人口の移動を見てみよう。誰が何処から何処へという資料はないので、ここでは農業人口の数で見る。高度経済成長が始まりかけた1960年（昭和35年）の日本の総人口は約9400万人、その中の約3400万人が農業人口で、総人口の36・5％を占めていた。その農業人口の数と総人口に占める比率が1965年（昭和40年）には約3000万人で30・3％に、1970年（昭和45年）には約2600万人で25・1％に、1975年（昭和50年）には約2300万人で20・7％に、そして2012年（平成24年）には約587万人で4・6％と減少している。2012年（平成24年）の農業人口は1960年（昭和35年）の17％でしかない。2014年（平成26年）の第一次産業（農林業と漁業）の就農者の国内全就業者の割合は3・6％でしかない。国の産業の勢力地図の塗り替えが、このような変化をもたらせた。産業革命と言ってよいであろう。農業人口の減少は、産業革命に誘導された、「農村から都市への家族ぐるみの転出」と「若者の農村離れによる経営主の高齢化と後継者の不在」、が主な要因であったと考えてよいであろう。

その結果、都市と農村の人口の割合はどう変わったか、１９６０年（昭和35年）の国勢調査では、東京、大阪、名古屋のそれぞれ50㎞圏の人口の総人口に対する割合は33・３％であったのが、２０１０年（平成23年）ではそれが45・２％へと増加している。

東京都の人口は１９５７年（昭和32年）の約８５２万人が、１９６２年（昭和37年）には１０００万人を突破しており、２０１０年（平成22年）の人口は約１３００万人である。総務省の調べによると、２００７年（平成19年）における過疎地域の市町村数は40・９％、面積は54・１％と大きいが、人口の占める割合は８・４％と非常に少ない。

大都市圏への人口集中は今も続いている、「食と農の乖離」の環境に変化は起きていない。東京、大阪、名古屋の３大都市圏50㎞以内の人口を２０１１年（平成23年）と２０１４年（平成26年）で比較すると、東京圏では約98万人、大阪圏では約32万人、名古屋圏では約26万人、３年間で合わせると１５６万人も増えている。

65歳以上の高齢者が住民の50％以上の地域のことを限界集落と言うそうだ、私の住む町内も見渡すとそれに近い。農業を山間部で長い間行ってきたけれど、冬は雪に閉ざされてしまうから街場に出てきて、町の公営住宅に住むという高齢者もいるし、東京・札幌に息子・娘が住んでいる高齢者もいるが、一人暮らしとなり動けなくなると子供の所に移住するか、それは未だ良い方で、町内の老人施設に移り住み、見舞う人も少なく、寂しく死を待つという人も多い。

それでは、次に、高度経済成長という一種の産業革命が田舎の食農一体地域の景色をどう変えてきたか、それを私の街で見てみたい。全国の多くの田舎町に共通的に見られた姿だと思う。

私の街（北海道十勝清水町御影）は今、JRの駅から国道38号線に続く大通りの人影は昼間でも、まばら、である。まばら、というよりも、無い、という時の方が多いかもしれない。店は数件、時々車が通るくらいで静かで、寂しい。JR駅（無人駅）、郵便局、農協、町役場の支所、小学校、中学校、保育所、信用金庫、お寺、神社、2つの病院、薬局、理髪店、コンビニエンスストアー、雑貨屋、ガソリンスタンドが集落の形をかろうじて保つ機能を果たしている。日常の買い物は、お年寄りは農協の購買部に出かけるが、多くの人は車で10㎞以上離れた他の地域の大型スーパーマーケットに出かけてゆく。大通りには開くことのないシャッターで閉じられた店がある。しかし、昔はこうではなかった。

私が小学生、中学生そして高校時代は、街に賑わいがあった。大通りを中心に3件の呉服店、2件の鮮魚店、米穀店、2件のトウフ屋、煙草屋、3件の酒店、雑貨屋、果物・菓子店、写真館、うどん製造工場、日本通運の支店、郵便局、農協、村役場、パチンコ店、時計屋、代書（行政書士）事務所、病院、鉄工所、製材所、電気店、北海道電力の事務所、牛乳処理工場、多くの駅員が常駐する国鉄の駅、薬局、文房具店、理髪店、家畜病院が軒を連ね、映画館まであった。

さらに、街の周辺には、農産物の品質検査をする国の機関としての食糧事務所、御影石の加工場、馬の蹄鉄屋、肥料・飼料の取扱店、農協や個人経営の麦等の製粉工場、家畜人工授精所、農業改良普及所、種馬の種付け所、小便工場、家畜の品評会・美人コンテストを行う共進会場などがあった。

農業活動と農村住民の生活を維持するに足る機能がほぼ完全に整備されていた。正月の初売り、夏の盆踊り、秋祭り、秋の草競馬（ばんえい競馬）、家畜の品評会には周辺の農家の人達が家族共々馬車を曳き、冬には馬橇に乗って街にやってきた。

それは賑やかな光景で、今でも覚えている、脳裏にその様が浮かぶ。田舎に活力があり、それが賑わいを創り出していた。私たち、街の子ども達も、そのような時には、何やら無性に嬉しくなり、雑踏の中を走り回っていた。

当時の農業の主役は馬、農耕馬である。一戸の農家で、2頭くらいは飼っていたように思う。1962年（昭和37年）の清水町全体の馬の数は3151頭と非常に多い。その馬のために蹄鉄を打ち付ける蹄鉄屋が2件あり、春に雌馬に種付けをするための雄馬を飼う大きな厩舎と種付け場があり、馬の尿から薬品、おそらくホルモン類を濃縮し、抽出していたのだと思うが、「ションベン工場」（小便工場）と呼ばれていた施設もあった。

蹄鉄屋で馬の爪を焼くタンパク質の焦げた臭い、ションベン工場の尿を煮詰める鼻にツンとくる刺激臭、それらが時として街の中に漂うが、誰も文句は言わない、街の当たり前の臭いという感覚であった。

馬の種付け、交尾は豪快である。その様は雌と雄との闘いのようでもあった。「こっらあー、子供の見るもんじゃあない、あっちへ行ってろ」、と種馬のオーナーで、熊八さんというおじさんに怒鳴られても、また、そっと引き返し、囲いの塀の節穴から、闘いの様子を見ていた。

ガキどものポケットの中には山グルミの実がたくさん入っている。それを小石で割ってクギを使って中味をほじくって口の中に入れながら、「でっけーなあ」なんて言いながら、馬のペニスに見入っていた。

この時代、街の皆が、周りの農家の人も、総じて貧乏であった。今のように富の偏在はない、それがコミュニテイというのか、活気に満ちた地域社会を作っていたのだろうと、振り返ってみて思うことがある。

例えば、私の母が隣の奥さんと醤油や米の貸し借りをするなど、日常の小さな互助の一つ一つが、輪になり、体系化されて、街の賑わいを形作っていた、その原動力は、皆が貧乏であったからだと。

農家は日高山脈の真下から十勝川の流域にかけて、東西南北に広く分布していた。そのために、小学校は地区、地区にそれぞれ設けられ、私の住む清水町御影近辺には5校、中学校は3校があった。街なかの小学校、中学校にもたくさんの農家の子弟がおり、休みの日にはそこに遊びに行き、中学生になると秋には援農と言って、農家の収穫のお手伝いにクラス全員が午後から出かけ、お礼の賃金を貯めて、オルガンや運動具などの備品を学校では整えていった。それが今では小学校は一つ、中学校も一つである、生徒数も当時と較べると非常に少ない。

その後の人口異動はどうであったろうか。清水町全体の1960年（昭和35年）の農業就業者数4912人が1985年（昭和60年）には2187人、2000年（平成12年）には1493人と減少してきている。

それに歩調を合わせるように街の人口も、1万7138人、1万3281人、1万988人と少なくなり、今、2015年（平成27年）は9842人と1万人を切ってしまっている。日本全国、多くの市町村でも高度経済成長期以降、同じ歴史を辿ってきていると思う。

都市はどう変化してきたか。

高度経済成長期の特徴は製造業、サービス業の急成長であり、京浜、京葉、東海、阪神などの太平洋ベルト地帯には臨海工業が発達し、それを支える人達が周辺の都市に集中した。1960年（昭和35年）から1969年（昭和44年）、経済成長が真っ只中の9年間の実質経済成長率（年平均）は10・4％という高さであった。農村の過疎と都市への人口集中という、「過密と過疎」のネジレ、ヒズミと言ってもよいだろうが、それが大きなエネルギーを生みだした、と考えてもよいであろう。ヒズミによってもたらされた富と生活という言い方もできよう。

しかし、肥大化した都市は大気汚染、水質汚濁などの環境問題も深刻になってくる。1969年（昭和44年）、ベストセラーとなった羽仁五郎さんの、「都市の論理」の中で、東京都民の生活についての論評がある。

東京都民にはどんな問題があるか、道路の問題、住宅の問題、公害、下水道、ゴミの問題、緑地の不足、交通戦争、健康の問題、物価高、還元されない都民の税金の問題、等が上げられている。そして、その内容を分析し最後に、「日本の都市の破壊は日本全国の国民の生活の破壊の集中にほかならない」、と断じている。

多くの都市住民は日常生活の中で、食と農の問題を考える余裕など無かった、今でもそうであろう。

この様な社会構造、人口構造の変化は政治家の言動にも見られる。前原誠司さんが民主党政権下で外務大臣であった時、ＴＰＰに関連して、「ＧＤＰ（国民総生産）の割合で１・５％の第一次産業（農林水産業）のために、98・５％が犠牲になっている」と発言した。

１９６０年（昭和35年）のＧＤＰに占める農林水産業の寄与率は13・８％であったが、他の産業との相対的な地位を低下させ、２０１０年（平成22年）には１・３％とその比率を低下させている。また、繰り返しになるが、総就業者数の中の農業従事者数の割合は１９６０年（昭和35年）が26・８％であったが、２０１４年（平成26年）には３・６％と減少している。総就業人数の約96％が第二次産業（鉱業、建設業、製造業）と第三次産業（小売業、電気・ガス・水道業、サービス業等）が占める。

氏の言い分は「農業関係の人達はＴＰＰに反対と言っているが、国益と国民生活へのＴＰＰの影響を考えると、恩恵に浴する産業とヒトの方が損失を被る産業とヒトよりもはるかに多いだろう。より多くの人達の事を考えるのが当たり前の話じゃあないのか」となろう。

ここには、都市と農村の論理の対決が色濃く出ている。政治家における「食と農の乖離」と言ってもよいであろう。先にも紹介したような食農一体地域で、村の賑わいの中で育ったヒトからは、決してこのような言葉は出てはこないと、私は思っている。

高度経済成長期以降の社会がこのような感覚の持ち主を政治の世界に送り込み、大臣にまで出世させている。

民主党が政権を奪取したのは２００９年（平成21年）の総選挙であったが、選挙の前、東北のある県で、「民主党の議員はよく勉強しているようだし、一つ、自民党に変わってやって貰おうか」と農村の青年部の人達が話をしているようだ、と聞いたことを想い出す。

その人達の落胆の姿が目に浮かぶ。今の自由民主党はどうだろうか、首相の安倍晋三さんは、２０１５年（平成27年）４月にアメリカの議会で、概要、以下のようなスピーチをしている、「ウルグアイラウンド交渉の頃、血気盛んな若手議員だった私は農業の開放に反対の立場をとり、農家の代表と一緒に国会前で抗議活動をした。（しかし、今）日本の農業は岐路にある。生き残るには、今、変わらなければならない」と。

若い時の農業者との一体感を何故、反省口調で、しかも、アメリカの議会でこういう、「心の温もり」

を消し去るような話をしなければならないのか、時はTPP交渉の真っ最中である。「昔は血気にはやって農家の味方になった」、その気持はどうなってしまったのか、司馬遼太郎さんの表現型をお借りすれば、幕末には攘夷、攘夷だったが、今は開国だ、血気にはやったが、それは思想というものではなかったのだろう。ここにも、食と農の乖離を感ずる。

今まで、高度経済成長期以降の農村と都市の変容を見てきたが、それは社会と日本人の食にどのような影響をもたらせてきたかを、ここからは考えてみよう。

食の目的と食の摂り方に大きな変化を生じさせてきたことが最初にある。食が持つ役割には、生きるための栄養素の供給機能（1次機能）、嗜好や外観などの感覚機能（2次機能）、そして生理機能（3次機能）の3つがあるが、1960年（昭和35年）前後、私が食べ盛りの中学から高校生の頃の食は、空腹感を解消し、仕事や成長のために必要なエネルギーとタンパク質を得るための一次機能を獲得する手段であった。その役割がほぼ100％を占めていた。旨さや、美しさは二の次、しかし、そういう時代ではあっても、時には、盆と正月がいっぺんに来るような時もある。それは近くに結婚式があり、父が招待され、宴が終わって帰ってきた後にくる。父も他のほとんど全ての人は結婚式の引き出物や、木箱に詰め込まれたご馳走に手は付けず、家に、ほぼそのままの形でお土産として持ち帰る。そのような時にだけ、二次機能的なゼイタクが味わえた。

私たちが若い頃には、「こんなに旨い物がこの世の中にはあったのか」という体験を時々にしながら食の美味しさを発見し、成長してきた。私ごとを言わせてもらうと、「小学生の頃、鳥取県に住む父の満州鉄道時代の友人が送ってくれた二十世紀梨を食べた時」、「始めて握り寿司を食べた時」、「札幌の予備校時代、狸小路で五目中華硬焼きソバを食べた時」、「北海道十勝では、すき焼きとは豚だったのが、大学1年の春、宇都宮で金持ちの友人が牛肉入りのすき焼きをご馳走してくれた時」、等々である。

私たちの若い時から見れば、今は1年中が「盆と正月」である。小さい時からこのような環境に育っている若い人達は、食に感激するということが、少ないのではないだろうか。しかし、美味しさのレベルが高い物を常食する中で、舌が感ずる五味（甘味、塩味、酸味、苦味、うま味）の感度が研ぎ澄まされて、求められる美味しさの水準が今の若い世代は進化しているのかもしれない。芳醇な香り、ジューシーさ、きめ細かな軟らかさ、まろやかさ、香りと色、口どけ、こういった要素が五味に加わって、グルメという言葉になるのだろう。

旨い物をたくさん食べたいという食欲は人間の本能の一つであり、グルメ指向を否定するものでは決してないが、心配なことが一つある。

日本型食生活への回帰という議論があるが、そうせざるを得なくなった時、それは食料の危機というような問題が生じた場合であるが、食の質と量が低下する。今の若い世代の人達はそれに耐えられるか、ということである。

非常なストレスとなって個人の行動に影響を与えることになるであろうし、また、これから個人間・家庭間の収入の格差が一層拡大する環境の下で、そのような状況を迎えた場合には、貧富の差が社会の混乱の原因にさえもなりかねない。

世界の、「南と北」の格差と同じようなことが、国内においても起きる素地は、今、既にある、「驕れる者久しからず、只春の夜の夢の如し（平家物語）」である。多くの人は、そんな時が来るはずはない、と思っているのだろうが。

「朝食はしっかりと摂っているか」ということも食と農の乖離と間接的に関わっていると思う。厚生労働省が行った2005年（平成17年）の調査によると、20～29歳の人の28・3％が朝食を摂っていない。そして、この年代での単身赴任のヒトの朝食の欠食率は49・4％と半数に近い。欠食の定義は、「何も食べない」か、「菓子・果物・乳製品・嗜好飲料等の食品のみ摂取」か、「錠剤・カプセル・顆粒状のビタミン・ミネラル、栄養ドリンク剤の摂取」のいずれかに該当する場合であるという。

日本のこれからを担ってゆく世代の人達が、朝、冷蔵庫を開けて、何かをひとつまみするか、サプリメントを口にして満員電車に乗る、これではいけない。

子ども達はどうか、225万人の小中学生を対象として行った、「平日の朝食を家族の人と一緒に食べる小学生の割合」（2007年文部科学省調査）では、「している」が41・6％、「どちらかと言えばしている」が18・9％、「あまりしていない」が21・6％、「全くしていない」が17・8％である。

子供だけでの孤食なのか、何も食べていないのかは分からないが、親の視野の中で食事を摂っていない子供が40％近くか、それ以上いることが分かる。「もったいないから、残してはいけません」と言える環境下にはない子ども達が確かにいるのだ。

朝、ご飯やパンをしっかりと食べる。摂取されたデンプンはグルコース（ブドウ糖）として小腸から吸収され、グルコースは血流に乗って脳細胞や筋肉細胞に取り込まれる。脳には考えるために必要なエネルギーが十分に補給され、小学生は先生の言うことが理解でき、若いビジネスマンならば、活力を持って午前中の仕事に臨むことができる。

しっかりと食べないとそうはゆかない。

実際に文部科学省の２００７年（平成19年）度全国学力・学習状況調査の資料を見ると、算数Ａ（主として知識に関する問題）の正答率は、「朝食を摂取している子供」が83・７％なのに対して、「あまりしていない子供」が72・０％、「全くしていない子供」が66・３％ということである。

豊かな食の供給、という社会の中で、何故、こういうことになるのだろう。現代人、特に都市の生活者は、小学生の子供を持つ母親も仕事をしなければ衣食住のある水準を保つことが出来ないという、「目一杯の生活」をしている人が多い。そして、ゆとりのなさを補い、支援してくれる人、爺さん・婆さんが家庭の中にいないという場合も多い。

農村から都市への人口の集中、工業・流通業・情報産業の持続的あるいは拡大を追求する社会が核家族を限りなく再生産している。羽仁五郎さんの言う、都心の破壊の一つの姿がここにもある。

「賑わいを持った田舎」の再生をし、家族、親戚、地域が一体となって「農と工」のバランスがとれた食農一体的な社会をより多くの地域に作る。大金持ちは居ないが、皆がゆとりある、中庸で協調的な生活を末永く維持してゆける文化圏を構築して、そこに都市住民を誘導するという政策があってよい。今、地方創生ということが政策課題となっているが、このような社会の構築とその維持発展を、根底に置くべきだと考えている。

都市への人口集中と核家族世帯の増加は、いわゆる、お袋の味をも家庭の中から失わせている。私自身が、42年間、父母と離ればなれの生活をしてきたために、小さいときの馴れ親しんだ母の家庭の味、例えば、「鰊《にしん》と大根・キャベツの切漬け」とか「鮭の飯寿司」といった料理の作り方は我が家には継承されていない。

家庭の味の喪失とは逆に、日本人の外食への依存度が高まっている。食の外部化率という数値が公表されている。これは大雑把に言うと、外食産業市場規模と料理品小売業市場規模の値を家計の食料・飲料支出と外食産業規模の値をプラスした値で割り算をして出される数値であるが、それが１９７５年（昭和50年）度が28・４％であったのに対して、２００５年（平成17年）度には42・７％と増加している。

また、総務省の家計調査の内容（２００７年）を見ると、１年間の食料関係の支出の総額は約90万円であるが、外食にはその18％、調理食品には11％、中食には11％、この３つの外部依存食品に対して食料費の40％が費やされている。ここで、中食というのは、コロッケとかコンビニ弁当を想像していただければよい。

このように食の供給が多様になったがために、新たな問題が生じてきた。食の安全性を社会の大きな問題の一つとして浮上させたことである。家庭が管理すべき食の素材元が多様かつ広域化し、調理・保存も外部に依存する度合いが増加すると、もう、個人や家庭での完全な安全性の管理は無理、社会・公共の責務として監視し、問題が起きれば対応・措置をせねばならないという状況になってきている。食のリスク管理には国や地方自治体の関与が求められ、それを行うための仕事も増えている。

昔の、高度経済成長が始まりかけの頃、未だ田舎の賑わいがあった時には地産地消が基本で、作物を作ったり豚やニワトリを飼っている人達、また、農畜産物を加工する人達、それを売る人達、消費する人達は一つの輪の中にあり、一定の信頼関係でその輪は結ばれていた。お互いが注意をしながら食品の安全性を保持してきた、問題があれば、「ダメなものはダメ」と面と向かって言えた。

全てが見えた、しかし、今は食と農が分断されている社会で生産・加工・流通の過程を殆ど見ることができない。だから、お目付役は社会に委ねるしかない。

そのような例の一つを思い出してみよう。中国製冷凍餃子の中毒事件である。2007年12月下旬~2008年1月にかけて、中国から輸入された冷凍餃子を食べた千葉県、兵庫県の10人の人達が下痢や嘔吐などの中毒症状を示し、千葉県市川市の女の子が一時、意識不明の重症となってしまった。

餃子からはメタミドホスという有機リン化合物で、毒性の強い農薬が検出された。メタミドホスが中国国内で混入したのか、いや、日本に輸入されてから混入したのか、一時はそのことが国際問題にもなったが、それはさておいて、第一報を聞いて、私が感じたことは、「餃子は確かに中国オリジナルの食べ物だろうが、調理された餃子までを日本は海外から輸入し、しかも生協が販売するなんて、この国は一体、何を考えているのか」であった。

戦前、戦中と私の両親は中国東北部に住んでいたせいもあろうが、母は餃子を時々作ってくれた。私が子供の頃の昭和30年代の中後半には、田舎の街には餃子の皮なんぞは売ってはいない、母は小麦粉を練り、短い小さな伸し棒で器用に丸い形の皮を作り、食べる形は水餃子であったが、大抵はお正月に作られた。その当時、今とは違って、北海道十勝の1月は朝方、氷点下20℃以下の気温の日が多かった。30℃位になる日も時々あり、そのような日は耳とか、鼻の先がピリピリと傷む。朝早くに作られた餃子は、厳寒の外気に暫く曝される。餃子はたちまちのうちにカチンカチンに凍ってしまう。凍った餃子は袋の中に詰められ、袋ごとリンゴ箱に入れられて、そのまま外に置く、自然の冷凍貯蔵である。

正月のお客は、そこから出されて煮られた水餃子をふるまわれる、我が家の冬の風物詩であった。

大人になり、都市に生活するようになって、スーパーマーケットの冷凍食品売り場で餃子を見た時には、正直言って驚いた、「へエーっ、売ってるんだ」。それが、今度は、中国からの輸入で、毒が入っていた。食と農の乖離の極みである。

食と農との乖離について種々、考えてきたが、それを修復する術はないのだろうか、先に、食農一体地域の活性化とそこへの都市住民の転入について短く触れたが、それとは異なり、物理的な距離は離れてはいるが、強い絆で食と農を結びつけている様を以前に見てきた、それを紹介しよう。鳥取市にある鳥取県畜産農協と京都生協との交流である。私のレポート（一部脚色）から引用する。

「京都生協と鳥取県畜産農協との結びつきは昭和45年のコープ牛乳の産直取引から始まっています。読者の多くの方はご存じないかもしれませんが、その後の昭和49年にニクソンショックが日本を襲いました。アメリカが農産物の輸出規制を行い、その中には家畜の飼料も含まれていました。そのために日本国内では濃厚飼料の価格が高騰し、畜産農家の中には経営難のために自殺者が出るという事態になりました。酪農家は全国規模での危機打開のための総決起集会を東京で開き、救済措置を政府に要求しました。この時、京都生協は組合員1000名の署名を集め、コープ牛乳を守る大会を開いて生産者を激励するとともに、お役所（近畿農政局）に要請活動を行い、さらに、酪農家を救う目的で酪農振興基金を構築してくれたといいます。危機に際してのこのような支援は生協とその組合員に対する酪農家の信頼感を深め、農協組合員と生協会員の交流が深まってゆきました。そのような環境の中で、新たな産直食品として、コープ牛肉の生産と供給が昭和54年から始まります。しかし、平成13

年、日本で最初のＢＳＥ（牛海綿状脳症）罹患牛が発見されます。世間は騒然とし、牛肉の消費量は激減します。その直後から、鳥取畜産農協の組合員の農家が２ヶ月間、交代で計１００名が京都に向かいます。肉用牛農家の奥さんやお年寄りも含まれます。組合員は生協の会員に自分たちの作る牛肉の安全性を訴えます。会員はその話を聞きます。肥育農家の奥さんが、私たちには皆さんのような訴える相手が居てくれることが嬉しい、と涙ながらに思いを伝えたという話も残っています。京都の人達は鳥取の人達を信頼して鳥取の牛肉を食べてくれた。この年の12月の売上額は前年を上回ったそうで、聞き取り調査の時に農協の人は、日頃の地道な交流と努力の賜でした、と話して下さった」。

京都生協と鳥取県畜産農協との間には、このような産直食品の供給と利用という関係だけではなく、都市と農村の交流も行っていた。その事に関して再び、取材記事を紹介しよう。

「学校が夏休中の7月26日、調査でお邪魔した今島牧場では、今日これから、京都の子ども達が２人やってくる、それで今、牛舎と家の中をきれいに掃除していたところです、とご主人が楽しそうに迎えの準備をしていました。京都生協の組合員の子供が、酪農体験にやってくるのです。」

「京都から来る人達のベースキャンプの一つに美歎牧場があります。ここは海抜が３００～３５０ｍの丘陵地帯であり、実に眺めがよい。ここには、肥育牛舎のほかに交流の森、ふれあい研修館、搾乳牛舎、乳製品学習工場、キャンプ施設、バーベキューハウスが設置されています。子ども達、若者達はここで休日を過ごし、農業について勉強したり、乳製品を自分たちで実際に作ることができます。体験文集からいくつか紹介しましょう」。

・真夏の太陽のもと、畑で泥んこになりながら汗を流し、始めて間近に見る牛に眼をキラキラさせていた子ども達、このような貴重な体験を裏方で支えていただいた、大山農協や鳥取県畜産農協のスタッフの皆さん、本当にありがとうございました。

・搾乳体験は勉強になりました。オガクズの良い香りがして掃除も行き届いている牛舎、そして、牛が大切に扱われていました。ここの牛乳は安心して飲めると思いました。

・子ども達は大自然の中で動き回って大はしゃぎでした。牛乳の消費量の減少や、ＢＳＥの問題など、いろいろ難しい問題がある中、皆さんが一生懸命にして下さる姿に心を打たれました。できるだけ、産直の物を利用したいと思いました。

このような事例は、他の地域にもある。まだ日本と日本人は大丈夫だ、「食と農との乖離」は修復できる、と思う。

引用文献

(1)フリー百科事典「ウィキペディア」もったいない、２０１４年4月30日
(2)農林水産省「食料・農業・農村白書　参考統計表　平成23年版」２０１１年8月
(3)『日本のすがた　２００８』矢野恒太記念会、２００８年
(4)北海道清水町『清水町史』１９８２年1月
(5)杉山伸也『日本経済史・近世~現代』岩波書店、２０１２年

(6)羽仁五郎『都市の論理　歴史的条件—現代の闘争』勁草書房、１９６９年
(7)農林水産省「食料・農業・農村白書　参考統計表　平成20年版」２００８年9月
(8)フリー百科事典「ウィキペディア」中国食品の安全性、２０１１年7月30日
(9)北海道清水町『清水町百年史』２００５年
(10)アル・ゴア著、枝廣淳子訳『不都合な真実』ランダムハウス講談社、２００６年
(11)『日本国勢図会　70版』矢野恒太記念会、２０１２年
(12)吉原健一郎・大濱徹也編『江戸東京年表』小学館、２００２年
(13)『日本国勢図会　73版』矢野恒太記念会、２０１５年
(14)『日本農業新聞』２０１５年5月1日号
(15)司馬遼太郎『幕末』文春文庫、１９８６年

4　食料供給の安全保障――輸入依存体質と国家のありよう

今まで日本の食の変容について、過去から現在までを振り返ってみた。その中で、米以外の主要食料の自給率の低下の様子を見てきた。それが今の食生活の豊かさをもたらせているのだが、今の豊かさの中に近未来に憂いをもたらす要素があるのではないか、今回はそのことを考えてみる。

輸入食料の供給量を安定的に維持するために、「この60年の間に培ってきた工業社会をさらに充実させ、工業製品の輸出を主として外貨を稼ぎ、その余力で世界の農畜産物を買ったり、あるいは現地生産をして国内に供給する力をさらに増強する」という方策が今、今までより一層強く推進されそうである。それは、２０１５年（平成27年）の暮れに基本的な合意をみたＴＰＰについての政権側の評価にも見られる。つまり、今の状況を容認し、日本の食糧問題を世界の貿易の枠組みの中で考えようとするものである。

２０１４年（平成26年）、日本はアメリカから米を約30万トン、小麦を約２９９万トン、トウモロコシを約１２５７万トン、大豆を約１８５万トン、原材料として買っている。この4品目のアメリカへの依存率は約73％と高い。その他に牛肉や豚肉などの肉類も約49万トンほどをアメリカから輸入している。

日本の食料自給率（カロリーベース）は40％程度でしかない。トウモロコシと大豆の輸入が止まったら、日本の畜産、特に肉用牛、養鶏、養豚はたちまちの間に壊滅状態になり、国産の肉とタマゴの供給は激減してしまう。小麦の輸出をストップされたら、日常の外食と家庭団らんのテーブルは大混乱に陥る。日本の食生活はアメリカの農業・農地に頼りきった状況にある。

もし、何かがあって食料輸入というハシゴが外されたら、高い屋根から飛び降りて大ケガをするか、屋根の上で飢え死にするしかない。「ハシゴを外さないで下さい」と心の中で祈りながらの生活を私たちは送っている。

こういう状況を世界の人達はどう思っているのだろうか、また、ハシゴを外されないよう、何か他の重要な問題で日本がアメリカに譲歩してしまっているというような事はないのだろうか、いや、多分あるだろう、と私はずーっと考えてきた。

私は福島県西郷村にある農林水産省の畜産研修所の「酪農コース」で毎年、乳牛栄養学の講義をしているが、東京大学の鈴木宣弘さんも講師として、「酪農政策」に関連した講義をされている。その講義資料を拝見し、「そのとおりだな、やはりアメリカさんは考えているんだ」と思ったことがある。

それを紹介しよう。食料自給の国家安全保障についてのブッシュアメリカ大統領の発言が引用されている。3つある。1つは2001年1月で、「食糧自給は国家安全保障の問題であり、それが常に保障されている米国はありがたい」、2つめが2001年7月で、「食糧自給できない国を想像できるか、それは国際的圧力と危険にさらされている国だ」、そして3つめが2002年で、「食料自給は国家安全保障の問題であり、米国国民の健康を確保するために輸入食肉に頼らなくてよいのは何とありがたいことか」とある。

鈴木さんは、「まるで日本を皮肉っているような内容だ」と言っている。

日本はアメリカの核の傘の下で平和を保つことが出来ている、と言われているが、「日本はアメリカの食料の傘の下で生命を保っている」という言い方も出来る。重要な日米の外交問題の交渉の中で、このことが妥協を強いられる下地にはなっていないのか、様々な問題の起こる度に、私はこのことを考えてきた。ブッシュアメリカ大統領（当時）の発言は、「そういうことを言っているんだ」と理解すべきであろう。食料が人質にとられている。

食料の海外依存には、そのような危険な面があるのだと言うことをも認識しておかねばならないと思う。それからもう一つ、食料の海外依存には石油の問題がついて回る。アメリカ中西部からのトウモロコシや大豆は約一ヶ月半の船旅で日本にやってくる、収穫された大豆やトウモロコシは先ずミシシッピー川を渡る艀《はしけ》に乗せられてニューオーリンズの輸出港まで運ばれ、そこで本船、大型のバラ積み船パナマックスに移され、パナマ運河を通って太平洋に出、日本の港までの長い船旅をする。他の穀物や食肉についてもトウモロコシや大豆と同様、船・航空機の燃料無くして日本への供給は考えられない。

石油は言わずもがな日本のエネルギーの中心である。エネルギー供給量の約46％を占めているが、その殆どが輸入で、輸入先はサウジアラビア、アラブ首長国連邦、イラン、カタール、クエートといった中近東の国々である。

1991年（平成3年）に湾岸戦争が起きた。25年も前の出来事なのに昨日のことのように思い起こせる。復習してみる、これはアメリカを中心とする多国籍軍とイラクとの間の戦争で、そのきっかけは前年のイラクのクエートへの侵攻であった。アメリカはこれを、「イラクが中近東の石油市場を支配しようとしている」と考える。そこで、国連安全保障理事会の「クエートからのイラクの撤退決議」をかざしながら、西欧諸国やエジプト等アラブの反イラク国家との間に多国籍軍を結集して1991年の1月にイラクの空爆を開始して湾岸戦争が始まっている。

日本に対しても多国籍軍への国際貢献を迫られる。湾岸戦争の際のアメリカと日本とのやりとり、日本国内の対応については、「90年代の証言・岡本行夫」（朝日新聞出版）を読むとよい、当時、外務省におられた岡本さんの活躍をはじめ、当時のこの問題を巡る日本国内の様子がドラマを見るように生き生きと描かれている。

岡本さんの話を引用させていただく。

「日本政府の取り組みには三つの正面がありました。（中略）…三つ目が、僕がかかわった多国籍軍への協力でした。湾岸に展開する多国籍軍、実質的にはアメリカ軍への協力態勢をいかに作るかということです。アメリカからは次々と具体的な要請があった。（掃海艇を派遣してくれ）、（輸送船と輸送機で米軍物資を運んでくれ）、（人を出してくれ）という具合です。（最大の利益を受けるのは日本だ。衛星写真を見てみろ、写っているのはほとんど日本のタンカーだ）と言われ続けました。しかし、日本政府にはアメリカの要請を受けて立つ用意はなかった。何よりも海部首相自身が、（自衛隊派遣はいかんぞ）と繰り返していた。だから他の選択肢を考えなければなりませんでした」。

他の選択肢、それがどのようなものであったか、具体的な事例の一つ一つについては、皆さんがこの本を読んで確かめて下さるとよい。一読をお勧めする。

「戦闘には与しない」という国是を守るために、日本は湾岸戦争に際して総額130億ドルの経済的な支援を行う。日本円では1兆5000億円という巨費である。しかし、国際的には、「人を出さずにカネを出す」という、日本政府のこの対応は海外では非常に不評であった。その事も岡本さんはこの本に書いておられる。

さて、これからの話しであるが、経済成長が鈍り、税収が不足し、財政赤字が大きな問題となっている今、そして、この情勢が暫くは続くと予測される中で、中近東において、湾岸戦争の時のような軍事的な緊張を再び迎えるようなことがあった場合、どうなるのであろうか。今、ＩＳの問題を端緒として、そのことが非常に気がかりである。

湾岸戦争の時、日本はオカネがたくさんあった、だから、1兆円以上の経済支援が出来たのだと思う。オカネが無くなる中で、「石油の安定確保のために応分の協力を」という国際的な要請が、もし、これからあった場合、私が最も心配するのは、「ヒト、すなわち自衛隊の派遣」である。

湾岸戦争の後、日本では「国際連合平和維持活動等に対する協力に関する法律（ＰＫＯ協力法）」が制定される。これによって、自衛隊を含む日本の人達の国連ＰＫＯ（平和維持活動）への参加が可能となった。

しかし、この場合には参加5原則というのがあって、それに合致している場合のみに参加を可としている。それは、「停戦合意の存在」、「受け入れ側（国）の同意」、「中立性」、「左の条件が満たされない場合の協力の停止」、「自衛のための最小限の武器使用」である。この法律の制定後に自衛隊の皆さんは種々の国際的な活動に各国の人達と協力して国際貢献の任務に参加している。しかし、それはあくまでも、上記「参加5原則」の枠内の活動である。

これからはどうか。今の食の水準を維持するために、「武」の派遣、それによる食料輸送の保全という事が現実の問題として浮上してきそうな状況である。

２０１５年（平成27年）9月19日に、集団的自衛権を行使できるようにする安全保障関連法が成立した。

集団的自衛権というのは、ある国が武力攻撃を受けた場合、その同盟国などが自国に対する攻撃と見なして反撃を加える権利のことであり、国連憲章で固有の権利として認められているが、日本は憲法9条を背景として、集団的自衛権は行使できないという立場を採ってきた。

先に述べた湾岸戦争の場合も、その後のアフガニスタン戦争の時にもそうであった。『戦後史の正体』という本の中で、著者の孫崎亨さんはその当時の様子を以下のように紹介している。「ブッシュ氏（ブッシュ大統領）は首脳会談（洞爺湖サミット）で福田氏（福田康夫首相）に『アフガンに中身のある支援をする必要がある』と強い調子で要求。『陸上自衛隊によるCH47（大型輸送用ヘリコプター）の派遣か、軍民一体の地域復興チームの担当』のどちらかをと具体的に提示した。しかし、福田氏は『陸上自衛隊の大規模派遣は不可能』と返答した」。アフガニスタン戦争には、集団的自衛権の発動の下、アメリカに呼応して、イギリス、フランス、カナダ、ドイツ等の国が参戦し、アメリカを始めとして参戦国の多くの兵士が犠牲となっている。

安全保障関連法案について整理しておこう。「改正武力攻撃事態法」、「国際平和支援法」、「重要影響事態法」、「改正PKO協力法」、「改正自衛隊法」、「改正船舶検査法」、「米軍等行動円滑化法」、「改正海上輸送規制法」、「改正捕虜取り扱い法」、「改正特定公共施設利用法」、「改正国家安全保障会議（NSC）設置法」の11法案がその中身となっている。

今までとは違う所、注視しなければならないことを次にあげてみよう。1つは、「集団的自衛権行使の要件の一つとして、密接な関係にある他国への武力攻撃が発生し、日本の存立が脅かされ、国民の生命、自由および幸福追求の権利が根底から覆される明白な危険があること（存立危機事態）」がある。

この存立危機事態の例として、政府は、朝鮮半島の有事（戦争）で日本や日本人を守るために活動する米艦を自衛隊が守るケースや、原油などの輸送ルートに当たる中東・ホルムズ海峡にまかれた機雷を除去する例などを挙げている。

2つ目は重要影響事態法で、3つの特徴がある。一つは、「世界のどこでも、日本の安全に関わる事態が起きたと判断されれば、他国軍への後方支援を可能にしたこと。今までの、我が国周辺の地域における、という制約が外された」、二つ目は、「後方支援する対象について、国連憲章の目的の達成に寄与する活動を行う外国の軍隊として、米軍以外にも対象を拡大していること」、そして3つ目が、「他国軍への弾薬提供や戦闘に向けて発進準備中の他国軍機への給油もできるようにしたことで、これについては、ミサイルなどを他国軍に提供・輸送する可能性を政府は、法律上は排除していないと国会審議で答えている」。

今までとは大きく変わった。食料やエネルギーを人質に取られながら、「他の普通の国のように参戦すべし」の圧力に対して、「いや、私達の国は普通の国ではない、憲法を守るという国是の下では、それができない」、という事が言えなくなる。箍《たが》を自らが外した。

多分、これから、ガイドライン作り、そして、紛争の度毎に参戦・後方支援の有無や範囲についての個別交渉が重ねられてゆくことになろう。その時に、言われるがままに唯々諾々とアメリカの言うことを受け入れるのか、はたまた、「これは派遣の対象には当てはまらない」と決然と拒否するのか、出来るのか、外交の舞台に問題は移ってゆく。また、法案の実行に向けて、ここ数年4兆7~9000億円の軍備予算（防衛関係費）も、これからは増えてゆくのだろう。私たち国民はこのような環境について熟慮し、何をすべきかを考えなければならないと思う。この環境とは、「安全保障関連法案とTPPの下」である。

TPPと安全保障関連法案とは、一見、何も関係が無さそうに見えるがそうではない。

アメリカとの経済と軍事の繋がりを強固にするという意味では、両者は車の両輪の関係にある。輸入関税の減額・撤廃や無関税枠の農産物の輸入は、今の食糧自給率を更に低下させる可能性が大いにありえるだろう。その結果、さらに食料の自給率は低下し、食の海外依存度がさらに増し、外交交渉の場ではそこにつけ込まれ、決然とした態度がとれなくなるということは十分考えられる。

社稷という言葉がある。広辞苑では、「昔の中国で、建国のとき、天子・諸侯が壇を設けて祭った土地の神（社）と五穀の神（稷）」とあり、転じて国家を意味する言葉でもある。国家の安危に任ずる重臣を「社稷の臣」とも言う。

日本は「主権在民」の国であり、国民から選ばれた総理大臣を始めとする国会議員は「社稷の臣」である。臣たる人達には、「稷」のために世界の平和の恒久的な維持を第一義的に考え、そのための戦略の構築を望みたい。そして、主権を持つ国民は、「今を見つめる」、「これからを考える」という知性と批判的精神を今よりも、もっと強く、大きく持つべきであると考えている。

参考文献

（1）鈴木宣弘「欧米酪農政策と日本の酪農」平成17年度中央畜産技術研修会「酪農」、農林水産省生産局
（2）五百旗頭真・伊藤元重・薬師寺克行編『90年代の証言　岡本行夫　現場主義を貫いた外交官』朝日新聞出版、２００９年
（3）「食料・農業・農村白書　参考統計表　平成20年版」農林水産省、２００８年

(4)石弘之『地球環境報告Ⅱ』岩波新書５９２、岩波書店、２００６年
(5)茅野信行『アメリカの穀物輸出と穀物メジャーの成長』中央大学出版会、２００２年
(6)孫崎享『戦後史の正体（１９４５~２０１２）』創元社、２０１２年
(7)『朝日新聞』２０１５年９月20日号
(8)『日本国勢図会　２０１５／２０１６』矢野恒太記念会、２０１５年
(9)「アフガニスタン戦争における犠牲者数」http:/web.econ.keio.ac.jp/staff/nobu/iraq/casualty_A.htm　２０１６年1月24日アクセス
(10)村山孚・守屋洋訳『十八史略（Ⅴ）』徳間書店、２０００年
(11)アフガニスタン戦争　http://ja.wikipedia.org/wiki（フリー百科事典ウィキペディア）２０１６年1月24日アクセス

5　緩衝能――バターと酪農経営

今回は食の安全保障に関して緩衝能について考えてみたい。少し遠回りをしながら核心に入り込んでゆく。

私は長い間、試験研究機関（農林水産省畜産試験場）と大学（日本大学生物資源科学部）で乳牛、肉用牛、豚の飼料・栄養学分野の研究を行ってきたけれども、その中では乳牛に最も力が入り、仕事の中では多くの酪農家の人達とも交流を重ねてきた。正直にいって乳牛とそれを飼う人に強い思い入れを持っている。バターを巡る情勢から話を始めるが、酪農とは、乳牛とは、についての認識をも深めていただければ幸いと思いながら原稿を書いている。

標題の「緩衝能」である。広辞苑には、「二つの物の間の衝突や衝撃をゆるめ、やわらげること」とある。どういうことか、具体的な例で考えてみる。ヒトの血液は酸やアルカリに対して強い緩衝能を持っている。血液のｐＨ（水素イオン濃度を表す指標）は７・４であるが、もし、これが７・０になろうものなら大変、致命的な事態になる。しかし、ヒトの体内では物質代謝の過程でたくさんの水素イオンが生成され、それが血液中にも入ってｐＨを下げてしまうような環境に曝されている。

緩衝能のない生理的食塩水１ℓに10モルの塩酸１mℓを加えただけで、そのｐＨはあっという間に２にまで下がってしまう。しかし、血液に同じ濃度、同じ量の塩酸を加えてもｐＨは７・２と少し下がるだけである。

血液中に含まれる炭酸（H_2CO_3）と炭酸水素イオン（HCO_3^-）の緩衝能（緩衝材）が作用して水素イオンの増加に抗してｐＨを安定化させている、ショックアブソーバーの役割を果たしている。

このような仕組み、別の言い方をすれば基盤が国に備えられているか、いないかで、食の供給に何か異変が起こった時のショックの度合いは大きく異なる。

バターの話に入る。何年か前、パン焼きが趣味の静岡に住んでいた娘から、「この銘柄のバターがスーパーにはない、北海道ならばあるでしょうから、あったら、クール宅急便で送って」という電話があったので、店にいってみたら、そこにもそのバターは無かった。

また、一昨年（２０１４年（平成26年））には、バターの不足が懸念され、農林水産省は追加輸入を行っている。全酪新報にはそれについて以下のような記事が見られる。

「平成26年（２０１４年）５月21日、農林水産省はバター７千トンの追加輸入を行うと発表した。カレントアクセス枠（輸入約束・義務）を超えたバターの追加輸入は２０１２年以来２年ぶり。農水省は秋以降の安定供給を確保するためとしている」。

バターの輸入は政府が管理する「国家貿易」という制度の下にあり、勝手に輸入することは出来ない。国内のバターの生産は飲用向け牛乳の需要を見ながら行われるという色合いが強い。生乳が余ればバターを作って保存し、そうでなければバターの生産を減らしてバターの在庫を取り崩す、つまり、牛乳需給の調整弁という性質を持っている。

バターの自給率は高い。２０１２年（平成24年）度は86％、２０１３年（平成25年）度は92％である。

自給率が高いがために、国内生産量が少しでも減少し、在庫が少なくなると流通に障害が及ぶ。

バターの消費量は2013年（平成25年度）が7万4000トンであるが、家計消費は全体の25％で、残りの75％は菓子やデザート、パン類、アイスクリーム類、発酵乳や乳酸菌飲料、調理食品の製造に使われ、さらに、外食やホテルの需要も多い。したがって、バター不足は日本の「美味しい食」を直撃してしまう。

自給率が高い場合には、緩衝材として、言い方を変えれば、調製弁として輸入食材が食の安定供給に寄与する。一時的な、何か不慮の事態による不足ならば、「たまにはこんな時もある」と構えておられる。しかし、バターを始めとする牛乳乳製品については、そのようにのんびり構えてはおられない状況にある。今までは、国内の牛乳需給の調整弁としてバターがあり、バター需給の調整弁として輸入バターがあるという構造であったが、これからは、そうとは行かない状況が迫っている。

その状況については後段に述べることとして、先ず、その前に酪農家の庭先に一歩足を踏み入れていただきたい。

酪農とは、「牛を飼い、牛の排泄物で土を養い、その土から作られる牧草・飼料作物でミルクを搾るというウシとヒトと作物の協調から成る総合科学産業」と言うことが出来る。

何故、総合科学産業かというと、酪農家は乳牛という動物に精通していなければならない（動物学）ばかりか、牧草やトウモロコシ・エンバクなどの飼料作物を栽培したり（作物学）、トラクターや搾乳機器を操作したり（農業機械学）、サイレージという貯蔵飼料を作ったり給与方法を考えたり（飼料学）、牛乳の品質管理をしたり（食品化学）、乳牛にとって快適な牛舎環境（農業施設工学）を整えたり、経営収支を考えたり（農業経営学）と専門店を総合的に抱えるデパートなのである。

それを大抵は夫婦二人でこなす場合が多い。見ていて大変だと思う。とても私なんぞにはできない。マルチ人間でなければ勤まらない。それだけではなく、朝早くから、夜遅くまでの毎日の仕事に耐える強い体力と精神力を保持していなければならないし、何よりも乳牛という動物を愛する気持ちを持ち合わせていなければならない。

工業部門の会社組織のように多くの専門家がいて、それぞれの専門部署に人材が配置されているわけではない、それが多くの家族経営酪農の特徴である。

しかし、人間のこととて万能ではない、どうしても、何処かに弱い部分はあるし、出てくる、それが何処に出てくるかによって、酪農経営に対して致命的な結果をもたらせたり、致命的ではなくとも計画どおりの結果がなかなか出なかったり、あるいは軽微な損失で済んだりもする。

少し具体的に見てゆく。酪農家の収益は大まかに言うと、「牛乳販売」、「子牛の販売」、「老廃牛の販売」、「堆肥の販売」から得られる。最も大きな地位を占めるのは「牛乳販売」であるが、その販売額は飼っている牛1頭、1頭の乳量の多少、乳脂肪率や乳蛋白質の含量、そして衛生的な品質によって異なる。栄養管理や衛生管理を旨く行って、乳量を高めたり、乳質を良くしたりということが的確に行えている人とそうでない人では、収入は大きく異なる。また、子牛の販売額は、乳牛が毎年、1頭の子牛を確実に産んでくれたならば、50頭の乳牛（母牛）から50頭の子牛が1年の間に生まれる。しかし、乳牛の繁殖管理が上手ではなく、分娩の間隔が長くなれば、1年間の子牛の出生頭数は少なくなる。生まれてくる乳牛の半分は雄であるが、それは肉用牛として育てるために、肉用牛農家に販売され、酪農家の収入を増やす。雌の子牛は後継牛として酪農家のこれからを担う。繁殖管理の巧拙は酪農家の経営を大きく左右する。繁殖成績の善し悪しは発情の発見を始めとする乳牛の観察能力、つまり、乳牛の行動を注意深く見ているか否かにも強く左右される。経営主が大雑把な人か、緻密な性格の人かが、ここでは大切な問題となる。

また、排出される牛糞からは、稲作農家や野菜農家が喜んで使ってくれるような堆肥を作ることが大切になる。旨く発酵乾燥して臭いも殆ど無いような堆肥は高いお金で引き取ってくれるだろうけれど、発酵が中途半端で臭いの強いものは商品にはならない。

さらに、乳牛を飼うための経費を如何に少なくするかも、当然のことながら大切な経営の要素となる。酪農経営における経費を物材費について挙げてみると、それには、「購入飼料費」、「牧草などの栽培・収穫費用」「種付け料」、「敷き料（寝わら）」、「光熱水量費」、「獣医師・医薬品費」、「建物費」、「自動車・農機具費」等がある。

「購入飼料費」は乳牛の栄養管理を精密にすることによって制御（コントロール）出来る。牧草地の管理を適切に行い、牧草の栄養価と収量を高めることによって、結果的に「牧草などの栽培・収穫費用」は「安く上がった」ということになるけれども、雑草だらけ、牧草の生えていないような裸地が多くなるような栽培管理をしていたら、牧草の収量は低くなり、足りない部分は輸入の牧草（乾草）に頼って、「購入飼料費」を押し上げてしまう。また、栄養管理や衛生管理が旨くゆかなくて病気が多発し、治療代や薬品代に多くのお金をかけている酪農家も見られるし、繁殖管理がまずくて、なかなか受胎が成立せず、人工授精を何回も繰り返し、その度毎の「種付け料」が嵩むような酪農家もいる。

このように、物材費個々の出費には酪農家間の差が存在し、それが牛乳や子牛の販売額にも影響し、酪農家間の収益の格差を大きくしているというのが現実である。

観察力と技術力、そしてパーソナリティなど、一般的に経営感覚と言われる個性と資質によって酪農という生業《なりわい》が旨くいったり、つまずいたりしている。

しかし、酪農家個人の属性ばかりではなく、酪農を取り巻く社会経済的な状況も個々の酪農経営に辛く当たることがある。例えば、需給調整のために牛乳生産量そのものが規制を受けたり、酪農家から乳業メーカーへの牛乳の販売価格（生産者価格）が抑えられたり、臭気や地下水汚染の環境問題に対処するために家畜糞尿処理の施設整備に多額の投資が必要になったり、飼料原料の輸入トウモロコシや大豆粕の価格上昇やそれを輸送するための海上運賃の上昇によって購入飼料の価格が高騰したりである。何れも過去に経験している。

このような個人と社会の相克の中で酪農経営が営まれ、時代によって酪農の形態も随分と変わってきた。どう変わってきたのか、古いところから話しを始めねばならないことをお許し願いたい。

１９６１年（昭和36年）、今から55年前に農業基本法が制定された。ちょうど高度経済成長が始まりかけた頃であるが、この基本法の特徴は、選択的な拡大と縮小が峻別されたことである。

次第に生活が豊かになる、その結果、需要が多くなる畜産物や野菜さらには果樹については力を入れ、逆に需要が少なくなってきたものについては、例えば、絹生産のための養蚕（カイコ）などは縮小という選択である。

拡大の考え方は「自立経営生産農家の育成」で、牛乳生産はその波に乗った。農業基本法制定の直近の１９６０年（昭和35年）には日本の酪農家戸数は41万戸であった。今、２０１５年（平成27年）は１万７７００戸であるから、今とは大きな違いがある。しかし、当時の一戸当たりの乳牛飼養頭数は２頭と今よりも非常に少ない。畑も作り、米も作り、桑の葉でカイコを飼い、野菜や豆も作るし、牛も飼うという複合農業の時代であった。しかし、そういう片手間の牛乳生産では需要に応じきれない、自立した専業酪農家を作ろうという政策の転換が農業基本法の中にあった。

次第に乳牛の飼養頭数は増えてくる。１９６０年（昭和35年）、約82万頭であった日本の乳牛の飼養頭数が、10年後の１９７０年（昭和45年）には約１８０万頭と、10年間で１００万頭近くも増えている。酪農専業に特化した結果である。その結果、一戸当たりの飼養頭数は次第に増加してくる、１９８０年（昭和55年）には乳牛の数は２００万頭を越えた。日本酪農の歴史の中ではほぼピークに近い数になる。当然、国内の牛乳の生産量も増加してきた、農業基本法の狙いどうりである。ところが消費が思うようには伸びてくれない、牛乳が余ってしまうという事態が、１９７５年（昭和50年）～１９８０年（昭和55年）くらいの間によく見られた。

牛乳生産の自主規制が始まる。牛乳を畑に捨てている酪農家の姿を何回かテレビで見たことがある時代を経験してきた。

余るということは売れないということだから、生産者乳価も上昇しない。自主規制（生産調整）という消極的な対応ばかりでは埒《らち》があかない。考えた。

「牛乳生産能力の高い牛を飼おう、２頭の駄目牛を飼うよりも1頭の高泌乳牛を飼う方が効率的だ」という理屈、つまり、高乳量で牛乳販売額を大きくしながら、飼養コストを下げるという手法の選択である。そのために、乳量の高い遺伝的な形質を持つ血統を重視した乳牛を揃えたり、飼料給与法を改善して高い産乳量をめざした管理をする方向に舵を切り替えた。それにはお手本が必要であった、日本の酪農はアメリカにそれを求めた。その形は穀類（トウモロコシ）を多給する高泌乳牛飼養技術である。日本からは数多くの酪農家や酪農関係の技術者がアメリカ酪農の調査研修に出かけ、アメリカからは酪農の研究者・コンサルタントがやってきて全国各地で彼等の講演会が開かれた。

次第にトウモロコシというエネルギー価が高く、大豆粕という蛋白質含量の高い飼料の給与が乳牛の飼料構造の骨格をなすという形が日本国内に拡がり、定着してくる。トウモロコシは全て輸入であり、大豆粕を作る大豆も96％程度が輸入である。大豆から油を搾った大豆粕そのものもたくさんの量を輸入して家畜の飼料として使っている。

トウモロコシも大豆も大豆粕もその輸入先はアメリカが最も多い、数量的にも他国と比べると群をぬいて多い。また、１９８７（昭和62年）の牛乳の取引基準の改訂後、都府県の酪農家は草（乾草）までもアメリカを中心とした輸入品に強く依存するようになってしまった。

アメリカ型の酪農を展開するということは、アメリカの農産物をたくさん買うことによって成り立つわけであるから、アメリカの農産物の国際価格によって酪農家経営は強く支配されるという構造となった。それは今でも続いている。

さて、そのような中、酪農家はどのような浮沈を繰り返してきたのか、言葉がよくはないが、淘汰の時代、力の弱い酪農家が離農し、強い酪農家が生き残ってきている、その姿は先に述べたような理由からである、これは、これからも続きそうだ。

数頭の乳牛を複合農業の中で飼っていた昭和30年代中半、高度経済成長が始まる頃には41万戸もあった酪農家、それは牛飼い農家と言ったほうが似合いそうであるが、それが２００５（平成17年）には約２万

8000戸、2015年（平成27年）には約1万8000戸と減少した。そのような中、酪農家は何を、どう考えていたのだろうか。

酪農家の人達の「酪農に対する姿勢・思い入れ」を聞いていただきたい。私は1994年（平成6年）に栃木県の酪農家三人と「畜産の研究」という雑誌で座談会を行った。テーマは、「酪農経営に対する思いと展望」である。参加者は年齢的には当時45歳前後の少壮の方達3人、湯津上村の坂主さん、塩原町の和田さん、南那須町の荒井さんである。今から約20年前、日本の酪農が高位生産、規模拡大、戸数減少の流れの中にある一時点で、酪農という仕事に関してどのように考えていたのかを振り返ってみたい、今の時代に考えるべきことが、この話の中にそっくり入っている。

阿部：今年、栃木県の3酪農組合約450戸の酪農家の皆さんへのアンケートを実施しました。その中で、今後予測される北海道や外国の酪農との競争の激化をどう考えるかという質問をしたのですが、約半数の人が「諸外国や、北海道に勝てるものが生き残っていく時代になるだろう」と答えています。その辺りから、入ってゆきましょうか。

坂主：「強い者が生き残る」ということは言えると思います。仲間を見ても、2年前の牛肉の自由化後、牛肉資源としての雄子牛や老廃牛の価格低下などで経営が圧迫されているようです。また、先行きの不透明感から規模拡大にも踏み切れずにいるのが現状ではないでしょうか。

和田：私も問われれば「強い者が生き残る」という考え方をとる一人です。現状を見ると酪農家自身に甘えがあったのではないかと思います。このことは他の農業分野でも同じ事かもしれませんが、まだまだ、

「お上に頼る」という意識があるようです。果たして情勢をよく見極めていたと言えるでしょうか。雄子牛や老廃牛の高価格をあたりまえと考え、酪農本体の牛乳を搾るという経営を忘れた、ぬるま湯的な経営になっていたのではないでしょうか。私のまわりでも、現在、楽な経営と苦しい経営の二つに分かれていますが、これも酪農家個々の意欲や展望の差が出たものと思います。無駄な装備がなかったかどうかを考える必要があるでしょう。

荒井：私も「強い者が残っていく」とは思いますが、少し考えが違います。私は酪農家が酪農を続けてゆくかどうかは、後継者難や経営不振よりも、酪農に魅力を感じているか、感じていないかだと思います。私自身も酪農が楽しくなくなればやめます。私は経営問題などでやめる人は少ないと考えています。私は酪農家には経営追求タイプ、趣味と実益タイプ、酪農への思い入れタイプ（ロマンの追求）の3つに分かれると思います。確かに表に出てくるのは経営的なことになるけれど、そのような損得だけではこの仕事は続けてゆけないと思います。

坂主：確かにロマンの追求も大きな要素だとは思うけれど、だんだん厳しくなる情勢を見れば、ロマンよりも経営が前に出てきます。家族のことを考えれば経済の追求に走らざるをえないのではないでしょうか。

和田：農家がやめてゆくのは、経済的理由によると思います。ロマンの追求と現実経営の対比を考えるとき、経営を大規模化するには莫大な投資が必要で、そのためには莫大な借金を背負うことになります。その背負った借金の返済に追われているのが大多数の現実だと思います。反面、小規模で借金がなく、自分が健康でロマンが追求できれば、その人は酪農家として立派だと思います。今、もし突然乳価が暴落するなどの逆境になった時、果たして生き残ってゆくのはどちらの経営でしょうか。借金の大小によってふるいにかけられるのではないでしょうか。今後の日本で残ってゆくのは、企業的なセンスで大規模化に成功したところか、小規模でも無借金で自分のロマンを追いながら自給飼料をきちんと作ってゆくようなところではないでしょうか。

坂主：最近他業種の人達との交流の会を開きましたが、そこで感じたのはやはり先ほど和田さんが言われたような酪農家の「甘え」でした。やはり他の企業の人達の経営に対する姿勢は酪農界以上に厳しいものです。その印象に打ちのめされました。今はロマンを追求しづらい状況ではないでしょうか。

荒井：しかし、企業・工業と農業を同じ感覚でとらえることはできないのではないでしょうか。企業的発想で規模の拡大を追求すれば、農業の場合、経営は破綻すると思います。私は企業と農業では経営構造その他が全く別だと思っています。もし、企業的論理にのっとるとすれば、こんな地価の高い、人件費の嵩む日本で農業を続ける必要性があるのでしょうか。利益の追求のみを目指すのであれば、農業より効率の良い仕事はいくらでもあるはずです。

坂主：私は30年間、営々として酪農を続けてきたところで牛肉の自由化が来、自分の経営を振り返ってまだまだ無駄があるのではないかと思った訳です。農業と工業の本質的な構造の違いはあるものの、企業のやり方は取り組みの仕方などで参考になります。取り入れる点はあると思います。

和田：日本の資本主義は、「努力に対してそれに応じた見返りがある」という原則で構成されていると思います。結局、勉強しない者は倒れてゆくという意識が前提としてあるのではないでしょうか。そのような目で現在の厳しい状況をみてゆくと、酪農家の競争も今までの産地間競争から酪農家個々の競争、いわば隣同士がライバルに変わってきていると言えるのではないでしょうか。そのサバイバル競争の中では、乳量をあげるなどの様々な努力をして所得を上げてゆかざるをえないでしょう。しかし、これからも夢を追いつつ、酪農を続けてゆけるやり方を見つけてゆきたいと思います。

酪農の歴史の一断面として3人の酪農家の人達の話を聞いていただいたが、それから約20年後の今、趨勢は芳しくはない。先に書いた、バターの緊急的な追加輸入は需給の逼迫を緩和する一時的な調整弁ではなくなりそうな状況にある。「たまにはこういうことがある」と鷹揚に構えてはおられない。産業としての酪農界の力を過去からのトレンドで見ると、酪農家戸数、乳牛の飼養頭数、国内の牛乳生産量は減衰の路線を進んでいる。

例えば、１９９２年（平成４年）以降２０１５年（平成27年）の間の平成年度と乳牛の飼養頭数について一次回帰分析をすると、相関係数はマイナス０・９９４と直線的な減少を示す値が得られ、１年間に３万頭の減少率が計算される。

このような酪農勢力の減衰が今のまま続くならば、この10年先（２０２５年（平成37年））にはどうなるかを予測すると、国内の牛乳生産量は５５０万トン、酪農家戸数は６８９０戸となってしまう。２０１３年（平成25年）と２０１４年（平成26年）度の国内の牛乳生産量は７４５万トンと７３３万トンであるから生産量の減少量は非常に大きい。国内で生産された牛乳の53％程度は飲用向けであり、牛乳乳製品製造向けの加工原料乳は47％程度である。10年後も飲用への仕向量が変わらないとすれば、加工原料仕向量は今よりも大きく減少し、バター不足は今より以上に深刻な事態になり、輸入枠は拡大せざるを得ない状況になる。

庇《ひさし》を貸していた輸入バターに母屋を取られる、杞憂に終わればよいが、統計的に計算をすると、こうなる、厳然たる事実である。

酪農家が少なくなる、乳牛の頭数が少なくなる、結果として国内の牛乳生産量が少なくなってきている。この流れを緩和する緩衝能を酪農界に付与しなければ、牛乳乳製品に関する食の安全保障は危うくなる。今までのトレンド（動向）で進むなら現状（２０１５年（平成27年））１万７７００戸の酪農家戸数は10年後には６８９０戸と1万戸以上減少してしまう。

どうすれば良いか、緩衝能を高めるということに関して、人について考えなければならない。今、どんな人が、どんな酪農をしているのか、酪農家群像を見てみよう、多様である。経営者の履歴で見ると、「両親の酪農を引き継いだ後継者」、「酪農ヘルパーを経ての新規就農者」、「脱サラの新規就農者」があり、経営の類型としては、「家族経営」、「数戸の酪農家で運営する法人経営」、「大規模な会社経営」があり、経営の規模では、「乳牛30頭程度飼養」、「乳牛50頭程度飼養」、「乳牛１００頭前後飼養」、「乳牛１００頭以上数百頭規模」、「１０００頭規模での乳牛飼養」があり、経営主の年齢では、「30代」、「40代」、「50代」、「60代」、「70代」とこれも多様である。また、酪農教育ファームとして都市の子供達をファームステイさせる酪農家や触れあい牧場として農場を周辺の住民に開放している酪農家もあり、搾った牛乳でアイスクリームやチーズを作り販売する６次産業を展開している酪農家もある。

まず、この多様性を維持することが大切だと思う。日本の城は堅固な石垣で支えられているが、石垣は大中小の岩（石）の組み合わせでその堅固さを保っている。それと同じである。しかし、牛乳の出荷量を見ると、100頭規模以上のビッグファーム（メガファーム）からの比率が増加している。2014（平成26年）のメガファームからの出荷乳量比率は北海道が37・2％、都府県が25・8％で7年前2007年（平成19年）と較べて北海道では13・0％、都府県では10・3％増加しているという調査結果が公表されている。

ということは、中小規模の酪農家の地位が相対的に低下している、つまり、減少していると理解してよいであろう。

経営の規模が大きな酪農家は規模の小さな酪農家よりも後継者の確保率も高いという調査結果もある。担い手は後継者と外部からの新規就農者からなる。魅力ある経営を行う父の背中を見て子供が後継となっている姿を私はたくさん見てきた。それが日本酪農の大きな骨格をなしてきたし、これからもその形が中心であることには間違いないだろう。

しかし、背中を見せる相手が都市に出てしまっていない、高齢となって仕方なく離農してしまう形も多く、それが今までのトレンドを作ってきた主因でもある。

昔、私が筑波の農林水産省の畜産試験場に勤務していた頃、会議で来ていた北海道の技術普及の仕事をしている知人に、「酪農への新規就農の条件は何ですか」と聞いたら、「一に情熱、二に伴侶、三にいくばくかの自己資金」だという。

その後、暫くして、私達と乳牛の共同研究で頑張っていた県の畜産試験場の研究者が二人、また、農業の情報分析の会社に勤務していた一人が北海道へ新規酪農家として出発していった。皆、情熱があり優秀で、伴侶もあり、である。また、北海道には何カ所か、サムライ部落と呼ばれる地域がある。それは東京や道内各地の大学を卒業して新規就農した人達が牛を飼っている所であり、そこからは地域の核となる人も生まれてきている。

私が大学を辞し、北海道に帰ってきてからは天塩町の山下さんという酪農家にお会いした。山下さんは大阪府の出身で北海道の大学を卒業し、雪印乳業に11年勤務した後、天塩町で酪農を始めた、奥さんと二人で放牧酪農にいそしんでおられる。山下さんと話をしている中で、リレー方式という言葉が出てきた。何かと言うと、会社を辞めた後に、田辺さんという酪農家で酪農実習をしたが、その後、田辺さんが引退し、牧場はリレーをするように山下さんが継承している、そういう形のことをリレー方式というんだそうだ。そういう形も道内の各地には多いとも聞いた。

もう一つ、そこでは、町が自治体としての活性を維持するために、山下さんのような人達に経営資金を一部、プレゼンントするそうである。先の知人が言っていた、「いくばくかの自己資金」にそういう支援があれば、それはスタートダッシュの栄養剤になる。どこの自治体でもそういうことを実施しているわけではなさそうであるが、地域創生のために、このような自治体の努力を支援する国の政策の一層の拡大があればよいと思う。

人については、もう一つ考えねばならないことがある。雇用労働力である。酪農家戸数が減少する中で、一戸当たりの乳牛の飼養頭数は増加の傾向にある、例えば北海道では、一戸あたりの経産牛（妊娠・出産を経験した牛）の頭数は２００５年（平成17年）が55頭であったが、２０１５（平成27年）には69頭となっている。１００頭以上、千頭前後という所もある。夫婦二人の労働力ではとても無理、雇用労働力に頼らざるをえない。

北海道のある地域における２００５年（平成17年）と２０１０年（平成22年）の雇用についてのデータを比較すると、雇用を行った酪農家は２０１０年（平成22年）は２００５年（平成17年）に較べて17%、雇用者（常雇い）数は84%も増加している。

農業部門の雇用では、定着する人が少ないことが問題となっている。どうしてか、辞める理由について、「人間関係がうまくゆかない」が38%、「仕事がきつい」が30%、「給与額が低い」が24%であるという全国農業会議所の調査結果がある。どうしたら定着率が高められるか、「やる気にさせる」、「仕事を任せる」、「ビジョンを語る」ということが大切だという、雇用者の力量が問われている。

数年前、北海道士幌町にある畑作・酪農・肉用牛の大規模複合農場で経営者からの聞き取り調査を行ったが、そこでの話を紹介しよう。

「処遇の面では、この世界では高いレベルを実践していると考えている。厚生年金や雇用保険等の仕組みにも対応し、４週６休を実現している。また、地域の技術研修会等の講座には従業員を出席させ、技術の習得と同時に、農協や農業改良普及センターや家畜共済組合診療所などの人達と顔見知りになってもらっている。技術的な課題については、従業員とその人達が直接、相対で話をしながら問題の解決を図るようにしている。従業員を信頼することが大切です。それと、他の企業等と比較して農業は利益率が少ないのが、やはり問題だと思います。農畜産物が今よりも高い価格で取引されるようになると、従業員の待遇改善が今よりも一層進み、それによって農業自体の夢も膨らみます」。いい話を聞いてきたと思っている。

酪農・農業の周りを農業労働者が取り囲む賑わいのある街が作られ、それによってバターや食素材農産物供給の緩衝能を高められる、そんな地方創生をイメージすると楽しくなる。

参考文献

（1）『畜産の動向』農林水産省生産局畜産部、2012年3月
（2）『中央畜産会五十年史』中央畜産会、2005年11月
（3）阿部亮他「栃木県を調査地とした報告」「酪農経営は今」『畜産の研究』1993〜1995年、養賢堂
（4）『畜産をめぐる情勢』農林水産省生産局畜産部、2016年1月
（5）『日本農業新聞』2015年5月18日
（6）阿部亮「酪農における多様性の維持」『畜産の研究』69巻9号、2015年
（7）「バター不足でも輸入拡大Ｎｏ？・」『日本経済新聞』2015年8月24日
（8）「バターの追加輸入」『全酪新報』2014年6月1日
（9）「酪農全国基礎調査」『日本農業新聞』2015年5月26日

6　ヒトと家畜の共生――エコフィード

家畜は英語ではドメステックアニマル（Domestic Animal）という言い方が一般的であるが、もう一つ別名で、ライブストック・アニマル（Live Stock Animal）とも呼ばれる。後者は、「家畜というのは普段は人間の食しえないもの、あるいは食の残さを摂取し、いざという時には人間に栄養価の高い蛋白質や脂肪を提供してくれる存在」という意味である。今回は人間（ヒト）と家畜の共生について考えてみる。

エネルギー源としての炭水化物の摂取が動物の生命の維持と活動には不可欠であるが、その供給源としての、米、小麦、トウモロコシのいわゆる3大穀物の話から始めたい。

2006年の世界の3大穀物の生産量は、小麦が約6億トン、米が約6億3000万トン、トウモロコシが約6億9000万トンの計19億2000万トンで、この年の世界人口は65億9300万人であるから、1人当たり、年に約290kgの供給がなされていると計算される。この年の日本ではどうかというと、3大穀物の国内生産量と輸入量を合計し、それを人口で割ると、1人当たりの供給量は約250kgとなり、世界全体の値よりも少ない。2013年について同じように計算すると、その値は250kgであるから、供給量の年次変動は見られない。

世界の国々では、これらの穀物をどう利用しているのだろうか、小麦で特徴的なのはドイツである、2003年、ドイツの小麦の飼料向けの比率は52・4％で、パンやパスタの人間向けと、ほぼ同量である。

家畜と人間が小麦を仲良くシェアーしている。

アメリカでは小麦の家畜での利用比率は約20％であり、ここでは、トウモロコシが家畜への穀物供給の過半を担い、小麦は人への仕向の方がドイツよりもはるかに多い。メキシコは日本に次いで、トウモロコシの輸入量が世界で2番目に多い国であるが、この国の料理としてトルテーヤ（トルテージャ）やタコスが頭に浮かぶ。トルテーヤはトウモロコシの粉を練って薄く延ばして焼いたものであり、タコスはチーズや肉にチリソースをかけて、それをトルテーヤで巻いて食べる料理である。メキシコのある家庭の1週間分の食料として、トウモロコシのトルテーヤを11・5㎏、鶏肉を7・7㎏、チーズを958ｇ購入という話を「地球の食卓」（ＴＯＴＯ出版）という本で読んだことがある。この家のこの週のパンの購入量はロールパンが1・6㎏、スライスの白パンが一斤というから、トルテーヤはメキシコの人達の主食なのだろう。この国では、トウモロコシをヒトと家畜で仲良くシェアーしている姿が想像できる。

さて、日本ではどうであろうか。２０１３年の統計表から見てみる。先ず米、国内生産量が８７１万６０００トン、輸入量が83万３０００トン、合わせて９５４万９０００トンの供給量で、自給率は91・３％と高い。国内生産米の仕向比率は主食用に94％、加工用に２・４％、備蓄用に２・１％、米粉用に０・２％、そして飼料向けが１・３％である。また輸入米の中からはその40％強、36万トンが飼料として利用されている。

日本人の米の消費量は１９６２年（昭和37年）の１人当たり１１８・３㎏をピークとして急速に低下している。昭和40年代の高度経済成長下では１人当たり年にマイナス２・２㎏、昭和50年代ではマイナス１・３㎏、１９８５年（昭和60年）～１９９４年（平成６年）の間がマイナス０・８㎏、１９９５年（平成7年）～2012年（平成24年）の間が0・6kgであり、2012年（平成24年）の一人1年間の消費量は56・3kgである。1962（昭和37年）のピークの時、私は大学の1年生で、宇都宮の下宿では、毎朝2～3杯のご飯をお代わりして食べ、昼は学食のドンブリ飯、夜も下宿の米の飯を朝と同量かそれ以上食べていた。友人達も同じであった。1998年（平成10年）から約10年間、私は教員として日本大学に勤務したが、研究室では昼間、ハンバーガーを食べたり、インスタントラーメンを食べたりと、私達の時代とは全く異なった食の採り方をしている学生が多かった。

今、日本政府はこの状況を踏まえて、米を家畜にもっと多くシェアーしようという政策を掲げ、2025年（平成37年）の飼料用米の生産努力目標を110万トンとしている。2013年（平成25年）の飼料用米の生産量は11万5000トンであるから、この目標値は現状の10倍近くになる。

次が日本の小麦、2013年の国内生産量は81万2000トンで、輸入量が573万7000トンで自給率は12・3％と非常に低い。小麦の輸入額はこの年、2222億円であり、主な輸入先はアメリカ、カナダ、オーストラリアと、皆TPP交渉の参加国である。

小麦の飼料し向け量、これは輸入品であるが、2013年の飼料用としての小麦の輸入量は77万9000トンで輸入総量の13・6％であり、ドイツとは大きく異なり、人間の食料としての役割が主である。

トウモロコシはどうか、飼料用の黄色く乾燥した粒の国内生産量はゼロで、2013年の輸入量は1464万トン、自給率はゼロである。この年の飼料用トウモロコシの輸入量は1021万3000トンであるから、コーンスターチなどの人間の食料向けに約440万トン近くの輸入トウモロコシが使われている、比率としては30・2％で、小麦とは異なり、トウモロコシは家畜の飼料としての役割が大きい。

大分長くなったが、以上が本稿の序章になる。これから、食素材の人間と家畜のシェアーに話を移すが、最初に小麦のヒトでの正味消費量について考える。正味消費量とは小麦粉1トンを加工処理して種々の製品を作る、その1トンの中で実際に口に入る量はどのくらいかという意味と考えていただきたい。

私は家畜栄養学と飼料学の研究者として、正味消費量の事を考えさせられる多くの見聞をしてきた。いくつか、紹介しよう。先ず最初に、皆さんが食べているサンドイッチには食パンの耳の部分はない、廃棄される耳の部分は食パン全体の何％くらいかご存知だろうか。以前、何枚かの食パンについて耳を切り取り、重さを量ってみた。答えは40％前後である。食品廃棄物は廃棄物処理業者に引き取られ、焼却処理されるのが一般的である。

製造者は言う、「環境を考え、食パンの耳はサンドイッチに付けたまま販売することを試みたが、やはり評判が悪く、中止した」。

また、ある時、私が筑波の農林水産省の畜産試験場にいた時であるが、知り合いの埼玉県の肉用牛肥育農家から電話があった。

「先生、小麦粉の練ったものは牛に喰わせても大丈夫かね、練り小麦が牛の胃の壁にべったりと張り付いてしまうようなことはないかな」、「大丈夫、イネワラなどと混合して給与すれば、そんな事にはなりません、そして、小麦は胃の中での分解の速度が速いから、心配ありません。ところで、それは何ですか」、「あのね、パン生地から型で製品になる部分を射抜いた残りはそのまま捨てるんだそうで、それはもったいない、牛の飼料に使えないかと考えたのさ」という話。

うどんやラーメン店では、一定の時間を過ぎると、麺類を廃棄処理するという、チェーン店では、傘下の店全体で考えると、年間では、何百トンあるいはそれ以上の量になるという。北海道のある地域の菓子とパンの製造業44社へのアンケート調査の結果、「44社合計で1日あたり3097kgの残さが発生しており、約7割の工場は資源として再利用せず、産業残渣物業者に処理を依頼していた」という報告もある。1日約3トンとなると、1年365日では、1100トン近くにもなる。

また、スーパーマーケットやコンビニエンスストアーでの、生麺、乾麺、サンドイッチ、パン類、菓子類などの売れ残り、そして廃棄というものの量も全国規模でみた場合には相当なものとなるであろう。

小麦の自給率は2000年以降11％前後であり、輸入の額は2013年が2222億円、2014年が2085億円と多額である。このような状況の中にありながら、正味の消費量を減らし、お金を廃棄物の焼却炉の中に放り込んでいる。以前に、「水」の話の中で、仮想水のことを書いた。穀物を買うということは、輸出国の水を買うことと同義で、日本のように仮想水を多く輸入している国には水不足の国に対しての倫理的な問題があると指摘する外国人ジャーナリストもいる。世界の食糧問題というテーマの中では、正味消費量の問題は決して軽く考えられるべき問題ではない。

しかし、人間の心情として、実際にその場に立っている人、例えば、サンドイッチの製造工場やウドンチェーン店の管理者は、「もったいない」と感じている。けれども、多くの場合、「どうすべきか」については、「分からない」、「為すすべがない」というのが実情であろう。

食料品全体について言えば、大量生産、大量流通、大量消費という、高度経済成長期以降の日本の社会システムに正味消費量を減退させている原因の一つがあろう。食品のスーパーマーケットは大量流通の拠点であり多くの客がここに集中する。売り切れでの欠品は許されない、閉店間際まで陳列台には品揃えをしっかりとしなければならない、だから、納入業者は余裕をもった、別の言い方をすれば、捨てるを覚悟で製品を用意しておかねばならないし、スーパーマーケットでは食品の売れ残りと廃棄量が必然的に増加してしまう。

日本は２００１（平成13年）の牛海綿状脳症（ＢＳＥ）の発生が一つの端緒となって、「食の安全・安心」が大きな社会的関心事となり、それが今でも農業生産と食品加工そして食料流通におけるもっとも重要な関心事となっている。それは非常に大切な事であるが、少し過剰とはなっていないだろうか。

賞味期限に関しては、「3分の1ルール」、つまり、賞味期限が未だきていないのに、賞味期限が3分の1を超えると出荷しない、という商習慣があるという、「安全・安心」が重しになって、「何かがあると大変だ」という企業・組織の自己保身が表面に出てきてしまっている。食料の自給率だとか、農の意義だとか、世界の飢餓人口とかは二の次、三の次という感覚であろう。賞味期限の前に廃棄する、余分の廃棄覚悟の製品を作るということは、その分のコストは何処かに上乗せしておかなければならないから、上乗せ分は消費者は負担するという仕組みにもなっているのだろう。「安全・安心」と「正味消費量」、そしてその先に、前項で述べた、「食の安全保障」を結びつけた議論をこれから深めてゆくことが日本の将来のために必要であると思う。その場合、消費者、つまり、国民一人一人の食料・農業に対する考え方が大いに問題となる。作る側と売る側の事ばかりを書いてきたが、上記のような環境を人々が容認するからこそ、今の状況が生まれ、継続している。

皆が、今の状況の中で、商品の陳列棚や外食のテーブルの裏側で、どのような事が日常的にあるのか、それを知ることが先ず大切と考え、ここまで、小麦を中心にファクト（事実・事象）をほんの少しではあるが紹介してきた。

いわゆる食品廃棄物、これは日本列島でどのような所から、どのようなものが、どれだけ排出されているのだろうか、小麦から食料全体に視野を拡大して、引き続きファクトを見てゆきたい。排出元を大きな括り（カテゴリー）で見ると、それは、農場、食品製造業、食品卸売業、食品小売業、外食産業の5つに区分される。農場からはニンジンなどの規格外品が大量に出ている。菓子・パンの工場からはパンクズ、菓子クズ、規格外のパンや菓子、パン粉が、酒造や醸造工場からはビール粕、酒粕、醤油粕、焼酎粕、ウイスキー粕が、清涼飲料工場からはジュース粕、緑茶粕、麦茶粕が、製麺工場からは乾燥麺や生麺のクズ、余剰製造品が、大豆食品の工場からは納豆、おからが、乳業からは回収牛乳、チーズホエイが、外食産業や食品流通業からは調理クズ、パンの耳、余剰生産品、サンドイッチやおにぎりや弁当、惣菜などの売れ残り品が、市場からは野菜が、等々である。その他に食品工場で原材料としてストックしていたものからの廃棄品も種々あるようだ。

どのくらいの量があるか、2013年（平成25年）度における農場以外の4区分からの総量は1927万トンになるという、4トントラックで約480万台分、想像範囲をはるかに超える量である。そして、上記の残さの殆ど全てが家畜の飼料としての利用が可能である。

2008年（平成20年）の秋、私は愛知県の清水さんという肉用牛肥育農場に調査に出かけた。訪れた私に向かって、清水さんは開口一番、「日本の畜産は脆いねえ」と言われた。

これには注釈が必要である。日本の家畜の大部分、特に豚、ニワトリ、肉用牛は配合飼料工場で作られた配合飼料が主に給与されているが、配合飼料の原料はトウモロコシと大豆粕が中心であり、トウモロコシは先に書いたように全てが海外からの輸入で、輸入先はアメリカが圧倒的に多い。だから、輸入トウモロコシの日本の港における着価格によって配合飼料の価格は変動し、配合飼料の価格の上昇は畜産農家の経営に打撃を与えてしまう。

トウモロコシの着価格は、シカゴ商品取引所での相場、為替レート、運賃（フレート）等に強い影響を受ける。2008年（平成20年）にはトウモロコシのシカゴ相場と船運賃の両方が高騰してしまった。2006年（平成18年）の1月〜10月の間は、1ブッシェル（25・4kg）が2・0〜2・5ドルであったトウモロコシのシカゴ相場が2007年（平成19年）の秋頃から上昇し始め、2008年（平成20年）の6月には6・99ドルと2006年（平成18年）の3倍程度になり、またフレートも2006年（平成18年）4月のトン34・7ドルが2008年（平成20年）5月には147・2ドルに跳ね上がってしまった。

その理由は、トウモロコシシカゴ相場の場合にはアメリカのエネルギーの新政策によってトウモロコシから自動車用エタノールの生産が急増したこと、フレートの上昇は原油価格の高騰によっている。当然に配合飼料の価格も上昇した。2005年（平成17年）にkg当たり49・4円の養豚用配合飼料は2008年（平成20年）4月には68・0円と18・6円上昇し、肉用牛配合飼料は2005年（平成17年）の42・7円が2008年（平成20年）9月には65・0円と22・3円も高くなってしまった。肉用牛の肥育では大まかに言って1日8kg程度の配合飼料を給与するから、100頭の肉用牛農家では1ヶ月の飼料費が約54万円も増加する。その損失分は「配合飼料価格安定制度」によって補填されるが、2008年（平成20年）のこの状況は日本の畜産の根底を揺さぶる状況の到来として、「平成の畜産危機」と呼ばれ、大きな問題となった。その時期での清水牧場の訪問である。

清水さんは配合飼料は使っていない、オカラ、パンクズ、ポテトチップスのクズ、大麦のヌカ、トウモロコシのダメージ品（規格外品）、食品工場のライン洗浄用の小麦粉を主体に一部、エネルギー源と蛋白質源の不足を補うために輸入のトウモロコシや大豆粕は補助飼料として少しだけ使い、自分で電卓を叩いて飼料設計し、150頭の肥育牛を飼っていた。飼料費高騰の影響は少ない、冒頭に書いたライブ・ストック的な畜産の実践の姿である。当時70歳ではあったが矍鑠《かくしゃく》として、意気軒昂であり、「人間の食べないものを喰わせて牛は飼うべきもので、配合飼料を買い、自動給餌機での機械的なエサやりでは楽しみがない。いろんな飼料原料を集めて配合して、糞の色など牛の様子を見ながら牛を育てている。そして儲かっていくという楽しみが私にはある」とご託宣を受けて帰ってきた。

日本の濃厚飼料、濃厚飼料というのは牧草やイネワラなどの繊維質飼料（粗飼料）に対して、デンプン質、蛋白質、脂肪などを多く含む、いわゆる濃厚な栄養素を多く含むという意味での名称で、前述のトウモロコシや大豆粕がその代表的なものであるが、その自給率は平成に入ってから25年の間、10～12％と非常に低い。濃厚飼料の基盤が乏しい上での家畜生産である。それ故に、２００８年（平成20年）の状況下、また、２０１２年（平成24年）のアメリカが大干ばつで、トウモロコシが不作の時などには、日本の畜産業界は濃厚飼料の価格高騰によって根底から揺さぶられてしまう。構造的な問題を抱えながら綱渡りでの操業と言ってもよい。２０１２年（平成24年）の8月には1ブッシェル（25・4kg）のトウモロコシのシカゴ相場は8ドル3セントにも上昇している。

したがって、国内でより安定的に畜産を展開してゆくためには、濃厚飼料の自給率を高めて、一朝、異ある時にでも、全ての畜産農家が共倒れになるのではなく、一定の生産基盤は維持するという緩衝能を日頃から涵養しておかなければならない。その形の一つが、清水式のやりかた、言い方を変えれば、「ヒトと家畜の共生」の実践であり、そういった社会の構築である。約480万台分の食品残さを、どう家畜の飼料として利用してゆくかが大切な社会的な課題となる。

しかし、「言うは易く、行なうは難し」で、種々の克服すべき課題、壁がある。私は日本大学にいた時分からこの問題に取り組んできたので、経験や見聞を踏まえて国内の情勢を紹介してゆきたい。

食品残さを飼料化するためには、「何処にどのような物が、どれくらいあるかの評価」、「異物の除去はどうするか」、「食品残さは水分含量の高い物も多いし、そういった物は腐りやすいし、カビの発生の問題があるから、飼料化までの間、どのような方法で輸送し、貯蔵するか」、「飼料化をどのような方法でするか、乾燥飼料にするか、液状飼料を造るか、乾燥の場合、エネルギー源として何を使うか」、「飼料化工場までの輸送における法的な問題、廃棄物処理法の規定にどう対応するか」、「食品残さの中には1ヶ所からは少量ずつ、それが分散していて、収集の手間や輸送のコストが嵩む物もある、効率的に収集し、飼料化工場までどうやって運ぶか」、「家畜にはどのような方法でどれだけ給与するか、畜産物の品質を考えた給与法の検討」、「造った飼料はどこで、どの畜産農家に、どのような価格で販売するか」等々、技術的な、そして社会システムの上から解決して行かねばならない多くの問題が待ちかまえている。

このような課題に挑戦し、問題を解決しながら、食品残さの飼料化を促進している事業所の数が増えている、2006年（平成18年）には141、2009年（平成21年）には197、2011年（平成23年）には276、2015年（平成27年）には346というペースである。

どのような形があるか、養豚用飼料について見てみよう。「大手のスーパーマーケットと大規模な養豚業者が連携して、スーパーマーケットからの食品残さから養豚農場が液状飼料を調製し、それを給与して育てた豚の肉をスーパーマーケットに還元するリサイクルループを形成」、「乳酸発酵をさせた液状飼料を調製し、それをタンクローリーで近傍の養豚農家に配送」、「食品残さの収集運搬についての体制を自治体が整備し、企業が収集された食品残さから乾燥飼料を製造」、「食品製造業がオンサイトで規格外品や製造工程からのパン粉などから乾燥飼料を調製し、地域の養豚農家に配送」、「コンビニエンスストアーのセントラルキッチンからのパンの耳、野菜クズなどから乾燥飼料を製造し大規模養豚農家に供給」、「パンクズ、菓子クズなどを収集し、乾燥して、それを配合飼料工場や畜産農家に配送」等々である。

このような仕事の展開は２００５年（平成17年）５月に設置された、農林水産省の「全国食品残さ飼料化行動会議」が背景になっている。やはり、農林水産省の政策、支援の力が大きいと感じているが、同時に、多くの事業所には、核となるヒトが必ずいて、その人達の理念と実践力が仕事を推進させている姿を、そして、リーダーの周りには名参謀がいたり、社外の協力者が必ずいるという、人と人との連携の形を諸処で見てきた。

さて、この項では今まで、「食品残さ」という言い方を主にしてきた。しかし、今は、「食品残さ」とは言わない、というか、言わないにしよう、という雰囲気になってきている。４つのカテゴリーから排出される（いや、供給されると言った方がよいかもしれないが）ものは、「食品循環資源」と呼ばれ、それから作られる飼料をエコフィードと命名している。エコは経済的（エコノミー）と、環境に優しい（エコロジカル）、そして、フィードは飼料という意味からの造語である。乾燥飼料の価格の平均値は２０１４年（平成26年）度の場合にはkg当たり26・８円と配合飼料よりも安い、養豚経営に貢献することは間違いない。

「アップサイジングの時代が来る」という本を以前に読んだ。アップサイジングとは、「従来、関連を持たなかった様々な産業活動をクラスター化することで、ある産業にとって価値のない副産物が別の産業にとっては付加価値のあるインプットに転換される。それによって資本、労働力、原材料全体にわたる変換の生産性が増大し、結果として雇用の創出や人と環境への悪影響の排除が実現される」ということである。

エコフィードに一脈通じる話である。資源の循環を大切にする、それを、この本ではゼロエミッションの実現にあると言っている。

その実現のためには、地域の人達がリーダーを中心としてクラスター、別の表現をすれば、地域産業コンプレックス（複合体）を形成して、持続可能な資源循環型の社会の実現に向けた努力を継続することが大切だと思う。

今回のテーマは飼料の自給率の向上に結びついてゆくものであるが、「自給率というのは、そんなに簡単に、急に、上がる性質のものではない、汗水垂らして、地に這い蹲って頑張って、何年か経って振り返ってみると、何％か、上がってきたな、やってきて良かった、そういうものだ」と私は考えている。

参考文献
(1)ピーター　メンツェル・フェイス　ダルージオ『地球の食卓』TOTO出版、2006年
(2)『日本国勢図会　2009/10』矢野恒太記念会、2009年

(3)『世界国勢図会　2007/08』矢野恒太記念会、2007年
(4)『日本国勢図会　2015/16』矢野恒太記念会、2015年
(5)小林信一編著『日本酪農への提言』筑波書房、2009年
(6)農林水産省生産局「飼料用米の推進について」2015月
(7)中央畜産会『未活用低利用資源の飼料利用の検討』2010年3月
(8)フレッド　ピアス、古草秀子訳『水の未来』日経BP社、2008年
(9)阿部亮『食品製造副産物利用とTMRセンター』酪農総合研究所、2000年
(10)どう減らすフードロス　http://www.nhk.or.jp/ohayou/marugoto/2013/05/0530.html 2013年7月20日アクセス
(11)農林水産省生産局『エコフィードをめぐる情勢』2015年8月
(12)農林水産省生産局・消費安全局『飼料をめぐる情勢』2016年1月
(13)グンダー　パウリ、近藤隆文訳『アップサイジングの時代が来る』朝日出版社、2000年
(14)全国食品残さ飼料化行動会議・配合飼料供給安定機構『食品残さの飼料化（エコフィード）をめざして』2006年2月

7　ＢＳＥ　何故イギリスでたくさんの頭数が

前項では食品廃棄物の飼料へのリサイクルについて述べたが、今回は、「やってはいけなかったリサイクル」についての話をしたい。リサイクルの対象は牛の屠畜副産物、リサイクル飼料の給与対象は牛である。

世界的に、そして日本でも大きな社会問題となった牛海綿状脳症、ＢＳＥについて改めて振り返ってみたい。世界で最も発症件数が多かったのはイギリスで２０１５年までに18万４６２７頭の牛がＢＳＥを発症しており、１９９２年には3万７２８０頭という異常なほどの発生件数を示した。日本では２００１年の9月に第一例が千葉県で発見されてから、２００９年までに36件の発症が確認されている。

ＢＳＥは牛海綿状脳症の略称である。牛では、初期には音に対して異常な反応を示したり、地面を蹴ったり、ケイレンを起こすなどし、中期には歩行がふらつき、末期には興奮状態になって蹴ったり、転倒しやすくなり、やがて死に至る。そのために、この病気は狂牛病とも呼ばれた。

人にも似た症状の疾病クロイツフェルト・ヤコブ病があり、この病気にかかると、初期には動きがぎこちなくなったり、全体的に弱々しい感じになるが、次第に記憶が混乱したり、泣いたり・笑ったりが目立ち、さらに時間が経過すると体の動きが異常になってスプーンを持つ手が震えたり、筋肉が痙攣したり、転んだり、精神状態が錯乱し、やがて死に至るという病気である。ヒトでのこの病気は、遺伝子の変異で起こったり、医療ミスで起こったりと稀ではあるが昔から知られていた疾病ではあった。牛と人に共通して見られる組織学的な特徴はともに脳が海綿状（スポンジ状）になってしまうことである。そして、潜伏期間が長いということも特徴で、牛の潜伏期間は2～8年と言われ、残念ながら治療法はない。

１９９６年に「牛のＢＳＥから人間のクロイツフェルト・ヤコブ症への病原体の伝搬が食を通じてあり」という意味のイギリス政府の発表が世界を震撼させた。それについて時系列的に整理してみたい。

１９８６年頃に後肢を高く上げたりして攻撃的になり、よろめき、転倒や麻痺が見られ、人の手には負えなくなって、やがて屠殺される牛が各地で散見され、農業省の獣医学中央研究所が１９８７年にこの新しい病気を「牛スポンジ状脳症」（ＢＳＥ）と命名した。

同時にこの疾病の原因調査が全国的な規模で行われるが、動物質飼料による汚染が原因ではないかという結論に傾いてゆく。この場合の動物質飼料というのは、屠畜された羊や牛からの骨付きの肉片や肉のクズを細切し、加圧蒸煮した後に圧搾して脱脂し、乾燥した肉骨粉であると考えていただければよい。一連の工程をレンダリング（化成）と呼んでいるが、ここで得られる肉骨粉は蛋白質と脂肪含量が高いという性質を持っている。また、羊にはスクイレーピーという病気、これは風土病とも言われてイギリスには昔からあるが、これもＢＳＥと同じような症状を示す。この患畜からの肉骨粉を食べて牛がＢＳＥになり、そのＢＳＥ患畜から、また屠畜後に肉骨粉が造られ、牛がそれを摂取し、という循環の中でＢＳＥが増幅してきたと考えられている。

１９８９年2月、ＢＳＥの問題を検討するための委員会、サウステッド委員会が報告書を出しているが、その中で、「反芻動物を使った高蛋白質飼料の使用禁止」が勧告されている。しかし、ＢＳＥの発生件数は、１９９０年が1万４４０７頭、１９９1年が2万５３５９頭、１９９2年が3万７２８０頭と増え続ける。動物質飼料禁止後のこの罹患牛の増加は潜伏期間の長さも影響していると考えてよいであろう。しかし、動物質飼料禁止後に生まれ、肉骨粉を摂取していないはずの牛にも、その後、罹患牛が多く発見された。これは意図せざる混入、一般的には交差汚染と言われる状況の中で牛が肉骨粉を摂取していたことに原因があるとされた。交差汚染については、また後に触れる。その後の発生状況を見ると、２０0３年には６１１頭、２０１0年には33頭、２０１５年には２頭と発生件数は次第に減少してくる。

また、元に戻るが、１９８９年には、脳、脊髄、脾臓、胸腺、腸、扁桃などの特定危険部位が食品流通の経路から排除されている。

この間に、ＢＳＥ牛を摂取した人の中から、ＢＳＥに似た症状を示す症例が出てきた、クロイツフェルト・ヤコブ症のサーベイランスユニットのアイアンサイドは人の10件の症例を調査し、この新しい病気がＢＳＥからきた可能性が高いとみて、その旨を政府に報告している。一挙に大変なステージに政府は立たされた。なぜならば、それまで、例えば１９９０年の夏、イギリスの下院農業委員会は、「イギリスの牛肉は安全」と強調していたからである。

このアイアンサイドの報告をどうしたか、一部の反対を押し切って、ドレル保健大臣は、「国民に話すべきだ」として、以下の内容の発表を１９９7年の3月に下院で行っている。

「過去10ヶ月の間に10例の新しい型のヤコブ病が確認されました。（中略）これらの病気の原因のもっとも有力な説明として、委員会は、これらの症例は１９８９年の特定危険部位の禁止令以前に、人々が狂牛病にさらされたことで引き起こされた」。

この発表の衝撃は大きかった。イギリス産の動物質飼料は1988年まではヨーロッパの各国に輸出され、牛の生体での輸出も行われていたからである。食物連鎖で大変な病気にかかるリスクが高まった。牛の世界だけの話では済まなくなってしまった。パニックとなった。

牛は草食動物（反芻動物）である。その牛に、「共食い」をさせてきた、自然の摂理に逆らう人間の行いが、このような事態を引き起こしてしまった。

その4年後、日本で第一例目の発生が見られた時にも大変であった。新聞、テレビ、雑誌といったマスコミが連日のようにこの問題を大きく取り上げた。

今でも忘れられないことがある。私は、家畜の飼料・栄養研究領域の研究者としての立場から、農林水産省に設置された「BSEに関する技術検討委員会」の委員として、原因解明や対策のための各種の会議に出ていたが、会議室の前の廊下はテレビカメラを抱えた人や、新聞記者で一杯でザワザワとした状況であった。もちろん、会議はドアを閉めて行うのだけれども、農水省の担当者が、「委員の方々は少し小さな声で発言下さい」という。「原因は何か?」、「どうして発症したのか?」、「今後の対策は?」、会議の成りゆきを早く知りたくて廊下のマスコミの人達が、会議室のドアに耳をくっつけて聞いているらしい。委員の人達も殺気だっていた、議論に熱がこもって、つい声が大きくなってしまう。

その時に、農林水産省の若い女性職員が、ハイヒールで会議室のドアを思いきり蹴飛ばした。お嬢さん、まさに阿修羅のごとしである。普段なら髪の毛はきれいにセットされているはずなのに、ボサボサである。多分、忙しくて寝ていないのだろう。農林水産省に泊まりきりで、自分の机に頭を載せ、俯せでの仮眠が続いているなと想像ができた。

あの時期、畜産に関係する人達、皆がイライラしていた、消費者は牛肉に対して不安を持った、不気味な物と感じた人もいたようだ。イタリアでは、２００１年１月下旬の牛肉消費量が64％減少し、３５０万世帯の食卓から牛肉が姿を消したという記事の切り抜きが私の手許にはある。

日本では２００１年９月の１例目の発生以降、焼肉屋さんは商売がお手上げになってしまった。私は当時、藤沢市湘南台に住んでいたが、よく行き、何時も客で賑わっていた「浜忠」という美味しい店がシーンと静まり返っていた。「これが、閑古鳥が鳴くというやつか」と思ったものである。

何故、ＢＳＥが発症するのか。それは、異常型プリオンが脳に蓄積されることによって起こるとされている。プリオンというのは蛋白質の一種で、これはその機能が未だ完全には解明されていないようであるが、健全な人や牛の体内に含まれる、これを正常型のプリオンと呼ぶ。一方、ＢＳＥ罹患牛の脳、脊髄、腸などの部位には異常型のプリオンが蓄積している。元気な牛がＢＳＥに罹患した屠畜副産物である肉骨粉を摂取すると、異常型プリオンが吸収されて脳や脊髄に移行し、そこで正常型プリオンの分子構造（立体構造）を変え、異常型に変化させてしまう。正常型は駆逐され、次第に異常型プリオンが増加し、これは蛋白質分解酵素によっても分解されないので蓄積し、細胞の種々な機能を阻害し、神経細胞などを死に追いやる。死滅した細胞が除去されると、そこにはスポンジ状の孔が出来てしまう。このようなメカニズムで、イギリスでは18万頭以上の牛の寿命を非福祉的に縮めてしまった。

では、どうして、このような結果をもたらす、「共食い」をさせたのか、それを乳牛の飼養管理という分野から迫ってみる。イギリスのＢＳＥの発症例は群を抜いて多い。

２００２年までの累計でイギリスが18万２５８１頭であるのに対して、フランスが６０６頭、スイスが

416頭、ポルトガルが657頭、ドイツが192頭、オランダが41頭、日本が4頭である。BSEはイギリスに端を発したと言ってもよい。何故か、それは牛の飼い方に強く関係する。

乳牛の飼い方には大きく分けて3つの手法がある。一つは放牧草地に牛を終日放して飼うやり方で、その代表はニュージランド、二つ目は、牧草をサイレージという貯蔵飼料、草の漬け物と考えてもらってよいが、これを日一杯食べさせて、穀類は少しの給与というやり方、これがイギリス流、もう一つは穀類をたくさん食べさせるというやり方で、この方式の代表がアメリカや日本の酪農である。

イギリス酪農における蛋白質栄養について考えてみる、これはBSEと大きな関わりを持っているからである。

人間は食事から摂取した蛋白質はアミノ酸に分解されて小腸から吸収され、それが筋肉や臓器の発達に、さらには新生児を持つ母親の乳腺ではミルクの生合成に用いられる。

しかし、牛では小腸から吸収されるアミノ酸は二つのルートから供給される、人とは異なる。飼料由来のものと、第1胃という大きなお腹の発酵タンクで増殖し、小腸に流れ込む微生物（微生物蛋白質）由来の二つである。

牛はご承知のように4つの胃を持つが、一番大きなのが第1胃で100ℓ程度の容積を持ち、その中の1mlの胃液中、細菌が10～100億個、原虫が10～100万個も生息している。牛が摂取した飼料は、これらの微生物が自分達の増殖のための栄養素として利用され、その時に微生物が産生する酢酸、プロピオン酸、酪酸といった揮発性脂肪酸を家主（宿主）である牛が第1胃の壁を通して体内に取り込み、これらの酸を生命の維持と乳生産のエネルギーとして利用する。また、第1胃内で増殖した微生物は、その一部が人間と同じ機能を持つ第4胃に流れ込む。微生物はたくさんの蛋白質を含むが、その蛋白質は第4胃、十二指腸、小腸と移動する中でアミノ酸に分解され、それが小腸から牛の体内に吸収されて、生命の維持と牛乳生産の蛋白質源として利用される。これが上に書いた微生物由来のアミノ酸である。では、もう一つの、飼料由来のアミノ酸はどうか、牛の場合、二つのルートからのアミノ酸量が旨くバランスして供給されればよいのだけれども、イギリス流の「草の漬け物」（牧草サイレージ）主体の給与では、蛋白質が漬け物の製造過程や、第1胃内でアンモニアに分解されてしまう割合が多くなって飼料由来のアミノ酸の小腸からの吸収量が少なくなりがちである。

そこで、資源として多くある肉骨粉の利用に目が向けられた。肉骨粉乾物中の蛋白質含量や脂肪含量は、それぞれ53％前後、11％前後と、牧草サイレージの13％前後、3％前後よりもはるかに高く、そして第1胃内での分解率も低いところから、小腸から吸収されるアミノ酸の量も多くなる。また脂肪の含量も高いので、エネルギーの供給にも大きく貢献する。

私の手許には、イギリス国内で行われた乳牛の飼養試験の結果がある。対照区は牧草サイレージ、大麦、大豆粕といった植物起源の飼料のみを与え、試験区では、それにサプリメントとして肉骨粉、血粉、魚粉からなる動物質飼料が加えられているが、乳量と乳脂肪量、乳蛋白質量を比較すると、対照区がそれぞれ、19・8kg、853g、653gであるのに対して、試験区では23・0kg、949g、758gと試験区が優った成績を示している。草食動物の牛が、魚や、血や、肉を摂取すると、牛乳の生産量も乳成分も高い値となることが実証された。自然の摂理に従って草食動物には共食いをさせてはいけないという倫理観が生産効率という魔力に負けてしまいそうな結果である。その道を選択した人も多かった、それがB

SEを生じさせてしまった。

それでは、日本のBSEへの対応はどうだったろうか。日本にBSEが最初に発見される2001年（平成13年）年の5年前、1996（平成8年）の8月に農林水産省畜産局流通飼料課長名で次の通知が出されている。

「4月2日及び3日に開催された世界保健機関（WHO）における伝染性海綿状脳症の公衆衛生に関する専門家会合において、すべての国は反すう動物の飼料への反すう動物の組織の使用を禁止すべきである旨を勧告とすることが決定されたので、御了知の上、反芻動物（牛、羊、山羊等）の組織を用いた飼料原料（肉骨粉等）については、反すう動物に給与する飼料とすることのないよう、貴傘下会員（組合員）に対し周知を図られたい」。

「通知」というのは、「法律・政令・省令」とは異なる、後者が「せねばならない」という書きぶりなのに対して、前者は「〜されたい」、「図られたい」、「御願いする」という言い回しが結語になっていて、拘束力が弱い。

その後、「この通知という形での指示が甘すぎた」という指摘が、第1例発生を契機として言われる。「禁止する、使ってはならない」とすべきであった、「イギリスの惨状についての認識が甘かった」というのだ。2001（平成13年）9月千葉県の牧場で第一例の発生が報告されるが、この牛の年齢は5・3歳で1996年（平成8年）の3月生まれである。BSEの潜伏期期間は2〜8年と言われるから、この牛は病原体を通知の前に食べていたかもしれない。罹患牛の16頭がこの年、1996年（平成8年）生まれと多いが、1999・2000年（平成11・12年）生まれも15頭と多い。

私は、「動物質飼料については、日本では魚粉を乳牛に給与してはいたが、肉骨粉は給与してはいないだろう」と思っていた。しかし、1996年以降であっても、血粉、肉骨粉、蒸性骨粉などの動物質飼料を乳牛に給与していたケースが15道県の165戸、5129頭もあったという。

通知そのものが甘いと、霞ヶ関を批判することはそれはよい、しかし、「内なる問題」として通知というものを考える必要があるように思う。

事の重要性についての認識の地域間における温度差はなかったか、それは通知の徹底度合いに強く影響したであろう。地域内の技術情報ネットワークは機能していたであろうか、農業者をとりまく官と民の飼料選択に関しての情報が共有されていたであろうか、また、モラルの問題、もしも通知を知りながら、それを無視して使い続けていたようなことはなかったろうか、すべてについて法的な規制が必要なほどに日本人はルーズになってしまったのだろうか、等々である。最後の部分については、そうは思いたくはないが、前二つのことはこれからも考えるべき問題だと思っている。

それでは、BSEの発生の原因は特定できたのだろうか、2003年（平成15年）9月に「牛海綿状脳症（BSE）の感染源及び感染経路の調査について～BSE疫学検討チームによる疫学的分析結果報告～」が出ているので、その内容を紹介しよう。

感染源としては、3つの事項が検討され、以下のような考察がなされている。①1982年又は1987年に英国から輸入された牛の中にBSE感染牛が含まれていて、これが屠畜・解体後、レンダリング処理されて肉骨粉となり、それに含まれた病原体に国内牛が曝露され、さらにもう一巡リサイクルされて製造された肉骨粉が感染源になった可能性がある、②1990年以前に輸入されたイタリア製肉骨粉に含まれていたBSE病原体に国内牛が曝露され、これにより感染した個体がと畜・解体後、レンダリング処理されて肉骨粉となり、感染源となった可能性が否定できない、③オランダ産動物油脂については、7例に共通していた事実は無視できない。しかし、動物性蛋白質が混入していた可能性は低く、病原体に汚染していた可能性は否定できないものの、低いと考えられる。この面からは、これまでに発生した発生例の直接的な感染源として結びつけることは難しい。

では、病原体が含まれていた可能性がある肉骨粉はどのようにして乳牛の口に入ったのか、報告書は続く、「BSE発生農家では肉骨粉を（直接）牛に与えていなかったことから、直接の給餌によるものとは考えられない。しかし、配合飼料工場で牛、豚、鶏用飼料の製造ラインを供用していた例が見いだされたことから、製造・搬送段階において牛用配合飼料に交差汚染を引き起こした可能性があり得る。英国では、肉骨粉の反すう動物への給餌を禁止した1988年以降に生まれた牛における禁止後出産例と呼ばれるBSEが、確認されたBSE18万例のうちの5万2000頭に達し、更に実質的禁止後出産と呼ばれる肉骨粉の流通を完全に禁止した1996年以降に生まれた牛におけるBSE例が2003年7月までに50例見いだされている。これらの多くはいずれも交差汚染により感染したものと推察されている。このような事例を考慮すると、我が国の場合にも交差汚染により感染の起きた可能性は高いと考えられる」。

幸いなことに日本では2009年（平成21年）の36例目を最後にして、BSEの発生は見られない。BSE発生防止のために日本ではどのような措置が採られたのかを最後に見てみよう。

2001（平成13年）9月18日、一例目が発生してから8日目に、「飼料および飼料添加物の成分規格等に関する省令の一部改正」が行われる、「反すう動物等由来蛋白質を含む飼料は牛に対し使用してはならない」とされたのである。また、配合飼料工場においては動物性蛋白質を含む配合飼料（B飼料）と反すう家畜用の配合飼料（A飼料）への交差汚染を防ぐために、「反すう動物用飼料への動物由来たん白質の混入防止に関するガイドライン」が制定された。その内容は、「飼料等の製造、輸入、流通、保管、給与に当たっては、これらの各過程において、A飼料とB飼料とを適切な方法により確実に分離するなど必要な措置により、動物質由来蛋白質等のA飼料への混入防止を効果的、かつ効率的に進めることとする」である。

もう一つ、日本独自の方策がとられた、全頭検査の実施である。これは、食肉処理される全ての牛に対してBSEの検査を行うものであり、これによって、消費者は牛肉に対しての安心感を持てるようになった。

この項を書きながら改めて思ったことがある、グローバリゼーション、物の行き交いの自由な社会についてである。1989年頃、イギリスにおいてBSEが猖獗《しょうけつ》を極め始めた頃、私は筑波の農林水産省畜産試験場の企画科長をしており、研究職員の勉強会にお隣の家畜衛生試験場の小野寺節室長（その後、東京大学教授、牛海綿状脳症（BSE）に関する技術検討委員会座長）をお呼びし、イギリスにおけるこの疾病についてのお話をしていただいたが、その時には、まさかこれがドーバー海峡を渡ったり、人に類似の疾病をもたらそうとは、正直、露ほどにも思っていなかった。「奇病がイギリスで」というほどの認識でしかなかった。

しかし、その当時、イギリスからは牛の生体がフランス、ドイツ、アイルランド、イタリア、オランダ、ポルトガル等々の国に輸出されていた、そして、肉骨粉も1988年までは。それが、めぐりめぐって日本にまでやってきて、人々を不安に陥れた。
　国内の問題の処理や防御のために使われた国家のお金も、「大変な額」だったと思う。物の出入りの自由はこれからますます盛んになりそうだ。何がどこから飛んでくるか分からない。心配事が増えなければよいが。

参考文献

(1)動物衛生研究所『疾病情報　世界の飼育牛におけるＢＳＥ発生件数』２０１２年
(2)リチャード　Ｗ　レーシー『狂牛病』緑風出版、１９９８年
(3)「牛海綿状脳症（ＢＳＥ）の感染及び感染経路の調査について—ＢＳＥ疫学検討チームによる疫学的分析結果報告—」牛海綿状脳症（ＢＳＥ）に関する技術検討委員会、ＢＳＥ疫学検討チーム、２００３年9月
(4)農林水産省消費・安全局衛生管理課監修『飼料安全法関係通知集　第四版』日本科学飼料協会
(5)瀬野豊彦「ＢＳＥと飼料の安全対策」『畜産システム研究会報』第29号、２００５年6月
(6)阿部亮「ＢＳＥは終息できるか？」日本学術会議畜産学研連　公開シンポジウム、２００２年3月30日、日本獣医畜産大学
(7)梶川博「ルーメンの中をのぞいてみよう」『デーリィ・ジャパン臨時増刊号　ルーメン7』２００３年
(8)矢吹寿秀・ＮＨＫ狂牛病取材班『「狂牛病」どう立ち向かうか』ＮＨＫ出版、２００２年
(9)リチャード　ローズ『死の病原体　プリオン』草思社、１９９８年
(10)全国家畜畜産物衛生指導協会『牛海綿状脳症とスクレイピー　Ｑ＆Ａ』１９９６年8月

8　日本人と牛肉

牛の話を続けたい、牛肉と日本人との関係についての過去と現在と近未来である。牛肉と言ってもいろいろの種類がある。先ず、国産牛肉と輸入牛肉に分けてみると、２０１４年（平成26年）度では、国産牛の生産量（部分肉）が35万２０００トンで輸入牛肉が51万７０００トンと輸入牛肉の供給量の方が国産よりも多い。そして、国産牛肉には肉専用種の肉、ホルスタイン去勢牛の肉（乳用種）、そして交雑種の肉の３つがある。その生産量（部分肉）は２０１４年（平成26年）度では、肉専用種が16万４０００トン、乳用種が10万６０００トン、交雑種が８万１０００トンと肉専用種が最も多い。

肉専用種というのは、全国に広く飼われている黒毛和種牛と熊本県や高知県に多くいる褐色の褐毛和種牛と青森県など東北地方で飼われている日本短角牛等の総称であるが、この中では黒毛和種牛が約97％と最も多い。また、乳牛（ホルスタイン）は生まれてくる子牛の半分は雄であるが、これはミルクを出さないところから、去勢されて、肉用として飼養（肥育）される。交雑種というのは乳牛の雌牛に黒毛和種牛の精液を人工授精して生まれてくる子牛を肥育して生産される肉用牛で、乳用種よりも肉質が良いという特徴を持っている。

３つの牛肉の価格の比較をしてみる。牛肉の価格は、市場での格付け等級によって決まるが、３つの種類の牛肉で最も比率の高い格付等級の中で、東京市場２０１４年（平成26年）度の枝肉価格を見ると、黒毛和種去勢牛がkg当たり2037円、乳用種牛が875円、交雑種牛が1351円であり、黒毛和種牛（和牛）が最も高い。ここで、枝肉というのは部分肉と骨と脂肪とに整形された、いわゆる骨付き肉で、黒毛和種牛の場合には、部分肉が約71％、骨が約11％そして脂肪が約16％からなる。さらに部分肉は、かたロース、リブロース、サーロイン、バラ肉、もも肉などに分別され、それぞれに価格が大きく異なるのは、皆さんよく承知のとおりである。

さて、日本人はどのくらいの量の牛肉を食べているのだろうか。総務省の家計調査から単身世帯を除いた二人以上の世帯の牛肉購入量を調べてみたが、地域によってその量は大きく異なっている。最も購入量の多いのが奈良県で1万6617g、最も少ないのが新潟県の2958g、平均は6810gである。上位5位は奈良県、京都府、大阪府、和歌山県、広島県で10kgかそれ以上の購入量であるが、下位の5県は茨城県、福島県、群馬県、長野県、新潟県で3kg～4・2kgの範囲にある。関西・近畿地方が多くて、関東・東北が少ない。よく牛肉文化圏と豚肉文化圏ということが言われるが、豚肉についてはどうであろうか、同じく二人以上の世帯の購入量である。最も多いのが北海道の2万3882gであり、最も少ないのが徳島県の1万5129gで平均値は1万9075gであるが、牛肉ベスト10の中の都府県には豚肉ベスト10に入っている所はない。

私の住んでいる北海道は牛肉では37位で購入量は4・9kgと全国平均よりも少ない、確実に豚肉文化圏である。私が20歳を過ぎる頃まで、私も家族も、「すき焼きは豚肉で作るもの」という固定観念があった。もちろん、カレーライスは豚肉である、しかし、近畿地方ではビーフカレーが普通で、肉じゃがでも近畿地方は牛肉が使われるという。

何故、近畿地方は牛肉なのだろう。昔に遡って考えてみよう。先ず、牛がいた地域ということが最初に言えそうである。中世から近世にかけて、畿内とその周辺、ことに、摂津、河内、和泉、紀伊に牛が多くいたようである。その理由として、この地域は水稲生産を中心とする牛の消費地帯、つまり水田耕作や綿作に使役するための手段として牛が多く使われていたと考えられている。そして、その需要が高まるにつれ、但馬、播磨、備中、美後、印旛、伯耆、美作などが供給地になってきたようである。大阪などでは、牛の市が開かれていたという。

牛を食べるということでは、もっと昔に話を戻さなければならない。よく知られているように、天武天皇の4年（675年）に牛、馬、犬、猿、鶏の肉食の禁止令が出ている。

しかし、それから暫くして桓武天皇（791年）が以下のような殺生漢神祭祀の禁断令をだしている。「伊勢、尾張、近江、美濃、若狭、越前、紀伊等の百姓、牛を殺し漢神に祭ることを断たしむ」。漢神祭祀というのは、鬼神（漢神）が祟らないように廟を作って、そこに殺した牛の肉を祭る風習であるが、肉は祀りの後には、皆に振る舞われる、その食べ方は膾《なます》であったという、俎板の上で細かく砕かれた肉は酢などに漬けられて生食されたようだ、その祀りを桓武天皇は禁止した。つまり、天武天皇の殺生・肉食禁止令のあとも、畿内とその周辺では、牛肉が食べられていたことを、このことは示している。

時代は下がって室町～安土桃山時代に入り、牛肉食がキリスト教の宣教師達によって国内に持ち込まれる、京都では牛肉が「わか」という名で人気があったという、「わか」というのは、ポルトガル語のvaca、牛の意味であるという。

仏教からキリスト教に改宗した、いわゆるキリシタンは殺生禁断・肉食の禁止という束縛から解放される、そして、主導者たる宣教師は肉を食べ、改宗者にもそれを勧め、同時に牛の提供を求め、屠畜の仕方や加工方法を伝授したことであろう。キリシタンは仏教の不殺生戒や神道の「穢れという認識」とは距離をおいた社会的な存在となって行く、そして布教活動によって、その勢力は増加してゆく、それがこの時代の特徴であったろう。

いわずもがな、仏教や神道は当時の国内政治の精神的な支柱であり、これらの勢力の台頭は許容できない、しかも庶民ばかりではなく、高山右近のような大名もキリスト教徒となり、牛肉食を好んでいたという。畿内と九州を中心に欧州から牛肉食が日本に導入された、安土桃山時代というのは、こういう時代であった。しかし、その後半、豊臣秀吉はこの流れを止める。

もう一つ、近畿圏で牛肉食がこのように生き続けた理由として、渡来人が昔から多く、その人達の間で生体から肉を作る技術が伝承されてきたという考え方がある。

加茂儀一さんの、「日本畜産史」の一部を紹介しよう。「彦根藩のあった近江の国には天智天皇の頃や、それ以降も百済の人達や多くの渡来人が住み着き、これらの帰化人やその子孫は大陸での風習を続け、従って、また牛肉を食べる風習も残っていたのである。（中略）、彦根藩の領主井伊家は徳川譜代の家臣中で主席を占め、京都守護の役目をも担っていたことから、武備も他藩に優って整えられ、家臣の武具や馬具に必要な牛や馬の皮の需要も多く、それらは全て近江の国の琵琶湖湖畔の地から調達されていた。その牛皮をとった後の肉は食用にされていたといってよい。そして、それは、牛の屠殺や肉食の風習が古くから残っていたからこそ可能であったと言える」。

以上が近畿地方で何故牛肉が、ということの大まかな周辺事情であるが、蛇足を一つ。先には世帯当たりの牛肉消費量のベスト1は奈良県であると書いたが、1人当たりの牛肉の消費量が一番多いのが滋賀県（旧彦根藩）で年間5・9kg（2014年（平成26年））であり、全国平均2・8kgの2倍以上である。

それでは、権力者達は近世以降、牛肉を食することに、どう対応してきたのであろうか、豊臣秀吉と上記の井伊家（井伊直弼）を見てみよう。先ず、豊臣秀吉、秀吉は長崎在留のキリスト教の宣教師に、「どうして耕作に必要な牛を殺して食用にするのか」と尋問し、「牛馬を売り買い、殺し食うこと、これまた曲事《くせごと》たるべきこと」と言っている。秀吉の出自は貧しい百姓の家である。小さい頃から、水田の中で鋤を引く牛を見ていただろうし、自分でもそれを経験したかもしれない。百姓の息子として、農作業にとって大切な存在である牛を旨そうに食べている様子を許すことが出来なかったのかもしれない。秀吉はキリシタン禁制の措置を講じているが、その背景にはこうした心情が一部に投影されていたと考えてもよいであろう。

次が井伊直弼と水戸（徳川）斉昭の話、これが本当だったら、「食い物の恨みは恐ろしい」となる。先に、彦根藩には牛肉食の基盤があったということを書いた。前出の牛肉大好きのキリシタン大名、高山右近は摂津高槻城の城主であったが、その出身地は近江の国である。そのような伝統を持つ彦根藩では元禄時代には牛肉の味噌漬けを製造し、なかなかの人気を博していたらしい。もっとも、禁制のものであるから、表向きは薬として作っていた。その牛肉の味噌漬けについて、こんな話が手紙として残っている。赤穂浪士の長、大石内蔵助が多分、京都の山科に潜伏中の頃だろうか、やはり浪士の長老、堀部弥兵衛あてに彦根の黄牛《あめうし》の味噌漬けを送っている、こんな添え書きを付けて、「ある方からいただいたものですが進呈致します。老養には最上のものとのことですので、お召し上がり下さい。黄牛とはいいながら、これは若牛とのことですので、肉合いは格別柔らかいと聞いております」。

これは市中での話であるが、徳川綱吉が発令した「生類憐みの令」が解かれた後、天明から嘉永にかけての間、彦根藩井伊家は将軍家、徳川親藩、老中に対して牛肉の味噌漬けや干し肉を贈っている。これも表向きは薬用とされてはいるが、食べる方は、牛肉の味を堪能していたはずであり、上の方からも肉食禁止令は崩壊し始めている。

牛肉の贈り先には水戸家も入っていて、斉昭はこれが好きだったらしい。ここに井伊直弼が登場してくる。直弼は安政5年（1858年）の4月に大老になっているが、その前の年に直弼は何故かは分からないが、一説によると、「禅に凝っていた」ためとも言われるが、その教えにしたがって、牛や馬の殺生を一時期禁止し、それにともなって、味噌漬けの名家へのプレゼントも中断されてしまう、もちろん、水戸徳川斉昭の所へも。斉昭は殿中で、直弼に、「贈ってくれ」と頼むが、直弼は、「拙者は殺生が嫌いでござる」とすげなく断ってしまったらしい。斉昭は面白くない、これが水戸藩士による「桜田門外の変」での井伊直弼暗殺の遠因になっているという話が残っている。

徳川斉昭と井伊直弼の政治的な対立は凄まじいものである。13代将軍徳川家定の後継問題で斉昭は自分の息子の一橋慶喜を担ぎ、直弼は紀州の徳川慶福を担いで、徳川家を二分する争いとなる。そして将軍後継者争いで勝利した直弼は、続いて日米修好通商条約を京都朝廷の許可を得ずに独断で調印してしまう。これには京都の朝廷が強く反発する。その直後には直弼は斉昭の謹慎を申しつけているが、この時には斉昭だけではなく、福井の松平慶永（春嶽）など、反直弼グループの譜代大名達も追放されてしまう。斉昭と直弼の両者の集団、今で言えば、徳川家内の派閥争いが苛烈になってゆくが、直弼の独断専行が次第に幅を効かせてくる。そのうちに、「密勅」の問題が出てくる。これは、斉昭が京都の朝廷から、「井伊大老を倒せ」という密勅をもらったという事件である。直弼は、これに対抗して安政の大獄という大弾圧、言論の統制を行う。橋本左内や吉田松陰といった社会的に影響力のあった論客を始めとして6名を死罪に、その他、切腹、獄門、遠島、追放など、70名以上の人が刑に処せられている。対立勢力に対する大粛清であり、処罰された中には斉昭グループの人もいる。しかし、専横権力の行使は長続きしない、その反動が直弼、大老になって約2年、万延元年（1860年）3月3日の「桜田門外の変」となって現れ、井伊直弼は暗殺される。

さて、「牛肉の恨み」はこの二人の確執にどのように影響したのだろうか、斉昭の「攘夷」、直弼の「開国」という政治的な信念と立場の違い、将軍の擁立を巡る対立が二人の相剋の大本にあることは間違いはなかろう。しかし、「食い物の恨み」のこの話には興味がつきない。まず、「贈ってくれ、嫌だ」という会話は本当にあったのか、あったとすれば、どんな所で、どんな雰囲気の中で、どのような調子で等々であり、誰が、それを風聞として社会に残したのか、作り話なのかについても関心がある。面白い歴史の話であることには間違いはない。政治信条の争いの中で昂じてくる相手側への憎しみを増幅させる要因の一つに、食い物の恨みがあったのだと、やはり作用していたのだろう、と考えると、これは歴史の余話として子や孫に語り継ぐ価値はありそうだ。殿様だって人間であり、恨みは持つ、どんな小さな事であっても、プライドの高い人であればあるほど、その性向は強いかもしれない。

しかし、ここで不思議に思うのは、何故、水戸藩は殿様のために、牛肉の味噌漬けを作る努力をしなかったのだろうかということである。この時代、常陸の国には牛は間違いなくいたはずである。確かに、彦根藩と違って牛を屠殺したり、肉を味噌漬けに加工して日持ちを良くするなどの技術は水戸藩に無かったかもしれないが、それならば、殿様のために、家臣が、今で言う、研修を受けに彦根に行けばよかった、それは町人ベースででも。しかし、そうは言っても、この当時の急速な政治展開が、そういうことすら、許さない雰囲気にあったのであろう。

余談になるが、司馬遼太郎さんの井伊直弼評は熾烈である、著書、「幕末・桜田門外の変」の中で、「古来、井伊直弼ほどの暴悪な行政家は先ず少なかろう。悪質な密偵政治を行い、上は親王、五摂家、親藩、大名、諸大夫、さらには諸藩の有志、浪人にいたるまで百人以上を断罪した。井伊は政治家というには値しない。なぜなら、これだけの大獄を起こしながらその理由が、国家のためでも、開国政策のためでも、人民のためでもなく、ただ、徳川家の威信回復の為であったからである」と切り捨て、この本の最後でも再度、以下のようなだめ押しをしている、「(シリーズを)書き終わって、暗殺者という者が歴史に寄与したかどうかを考えてみた。ない。ただ、桜田門外の変だけは、歴史を躍進させた、という点で例外である。これは世界史的に見てもめずらしい例外であろう」と。

さて、ここからは近代・現代を見たい。1872年(明治5年)、天皇が牛肉料理を召し上がったこと、そして、同じ年に僧侶の肉食が許されたことから社会は変わる。肉食禁止令を出した当事者(天皇)がそれを、「無し」にし、不殺生戒を説いた僧侶が肉食をするのだから、誰に遠慮することはない、天下の御法度がなくなった、大手を振って牛肉を庶民が味わえる時代がやってきた、そして、それは今に至っている。

しかし、制度的には殺生禁断は解かれたが、「殺生や血肉処理」といった行いを忌避する感情が国民の間には沈殿してしまっていた。「穢れのある、見たくないものとして意識と視野から遠ざける」、「牛の屠殺・解体をする生業の人達を差別する」という人と社会を作ってきてしまった。そう感じている、日本総体として。だから、殺生禁断の戒律は今でも生きている。

どうしてか、一つには、律令体制以降の長い間の稲作文化と仏教の影響があることは否めないであろう、同時にもう一つ、現代の「食と農の乖離」があるように思う。農や動物を知らなくとも今の時代、カネさえあれば、自分の手を汚さなくとも、美味しい肉や農産物は食べられるからである。

屠畜・食肉加工に従事する人達に対する社会的評価は日本とヨーロッパでどう違うのだろうか、『わしら生肉さわる者は、「汚い、恐い、やらしい」て、そら、もう陰口ではなしに、はっきりと大声でいわれまんねん。これ、わしらにしたら、一番こたえるのは、はっきり差別の言葉ですわ、働くことに関しては同じじゃ。そやのに、肉運んどったら汚いゆうていわれんならん。私ら、この仕事を誇りに思うてるもんな。皆がいやがったかて、その人らの食べるもんをわしらがしたっとるんや』という屠畜場関係者の独白が鎌田慧さんによって紹介されている。

外国ではどのようか、鯖田豊之さんは著書「肉食の思想」の中でフランスの様子を以下のように紹介している。「中世の都市では、全市民がいっしょに集まる機会がしばしばあった。国王、王妃、司教などの入城の場合や祭りのときがそうである。その際、集まった市民は整列したり行列したりするが、その順序は、社会的地位に応じて、いつもはっきり決まっていた。先頭になったのは、もちろん、都市貴族や都市役人たちである。しかし、手工業者達の組合団の中では、肉屋組合の地位は断然他をおさえていた」。

日本とは全くと言ってよいほどに、肉食に携わる人達への評価が異なる、これが食文化の違いであろう。それは、家庭での肉食のありかたを見ても分かる、同じく鯖田さん、小説ビルマの竪琴の作家で、ドイツ文学者の竹山道雄が戦後、パリを訪れた際に寄宿した家庭での話である、「家庭料理は、日本のレストランのフランス料理とは大分ちがう。ある時は頸で切った雄ヒナ…の頭がそのままでた。まるで、首実験のようだった。トサカがゼラチンで滋養があるのだそうである。ある時は犢《こうし》の面皮が出た。青黒くすきとおった皮に、目があいて鼻がついていた。これもゼラチン。兎の丸煮はしきりに出たが、頭が崩れて細い尖った歯がむき出していた。いくつもの管がついて人工衛星のような形をした羊の心臓も美味しかったし、原子雲のような脳髄もわるくはなかった、ある時、大勢の会食で血だらけの豚の頭が出たが、さすがにフォークをすすめかねて、どうもこういうものは残酷だなあというと、一人のお嬢さんが、あら、だって、牛や豚は人間に食べられるために神様がつくってくださったのだわ、と言った。幾人かのご婦人達が、その豚の頭をナイフで切りフォークでつついていた。彼女たちはこういう点での心理的抑制はまったくもっていず、私が手もとを躊躇するのをきゃっきゃっと笑っていた。日本人は昔から生き物を憐れみました。小鳥くらいなら、頭からかじることはあるけれど、こう言うと、今度は一せいに怖れといかりの叫びがあがった。まあ、小鳥を、あんなにやさしい可愛らしいものを食べるなんて、なんという残酷な国民でしょう、私は弁解の言葉に窮した。これは、比較宗教思想史の材料になるかもしれない」。やはり、竹山道雄さんも日本人なのである。

私も外国の市場の写真集の中で、豚の頭が並べられているのを見たことがあるが、日本では、とてもそのような光景は見られない、牛肉でいうと、スーパーマーケットでは、パックに詰められた、ロース、バラ、モモが主体で、家庭での肉料理も、とてもパリの家庭のようにはゆかない、鯖田さんは、「日本人の肉食はままごとのようである」と言っている。

フランスでは、元の形がはっきりと見えるものを食素材とし、日本では、切り身を食素材としている、それが彼我の違いである。

しかし、「食と農の乖離」が日本において進んでいる環境の中、つまり、動物を知らない、どういう過程を経て切り身になるのかを知らない、知りたくない、見た目がきれいで良い色で、美味しければ、そして、それが安ければなおよい、というだけで、この先も進めば、それが今後の日本の食にどのような影響を及ぼすのかについて、漠とした不安がある。食べ物の価値というのは、生産から加工そして流通の流れの中で見、評価されねばならず、そこに愛情と食物を大切にするという意識が醸成されると思うからである。そして、そういった意識の醸成に力を貸すのが食育というものであろう。

しかし、このような「食と農の乖離」、それは日本だけではなさそうである。ピーター　メンチェルさんとフェイス　ダルージオさんが、「地球の食卓」という写真集を出している。とても楽しい本であるが、その末尾に「顔の見える食べ物」という論評が付されている。紹介しよう、「本物の動物、生き死にのある動物を、私達の日常生活の中で見ることはない。肉類は食品売り場で買うことが出来るが、カットしてパッキングした状態で売られているから、あまり動物の一部には見えない。生活から動物が消えたことで、私たちは動物に対して、思いやりも残忍性も、リアルに感じなくなってしまったのだ」、「動物の眼の中に、間違いなく見慣れたもの（痛み、怖れ、やさしさ）と、厳然として異質なものをかい間見ることができる。この両極端を下地として、人間は動物を尊ぶと同時に、目をそらすことなく食物とする関係を構築出来たのだ。でも、この調和も大きく崩れてきた。今日では、人々は目をそらしたり、ベジタリアンになったりしている」。

話を変える、今の肉用牛の生産とこれからの牛肉の供給について考えてみたい、良い話は少ない。先ず、肉用牛生産の趨勢である。ご存知のように黒毛和種牛（和牛）は、美しく、しかも柔らかな味をもたらす「霜降り肉」を我々に提供してくれる。有名な三重の松阪牛は肉がはしで切れるとか、舌の上でとろける柔らさ、とその特質が表現されているが、これは、霜降り肉の脂肪によっている。松阪牛に代表される和牛の霜降り肉は水田の夏作からのイネワラと冬作の麦から作られた日本の代表的な食文化の一つであると私は思っている。

筋肉内に白い糸のような脂肪を付けるために、黒毛和種牛の肥育期間は非常に長い。黒毛和種牛は、一般的に、生後10ヶ月齢前後で肥育の素牛として家畜市場に出され、肥育農家がこれを購入して、今度は肥育農場で約20ヶ月間肥育され、30ヶ月齢前後で出荷される。外国の肉用牛の場合、出荷は、例えばアメリカでは19ヶ月齢前後であり、オーストラリアでは、イアリングと言って、1歳前後の場合もある。何故、日本の和牛（黒毛和種牛）は肥育期間が長いのか、それは、筋肉内への糸のような白い脂肪は、内臓脂肪や筋肉の塊と塊まりの間に付着している脂肪（筋間脂肪）に較べて、成長の後半に蓄積がズレ込むからなのである。だから、長い期間、穀類を給与して筋肉内に脂肪をゆっくりと入れてゆかねばならない。しかし、ただ肥育期間が長ければそれでいいというわけではない、血統が霜降り肉の生産には大きく関与する。だから、肥育農家は子牛市場で肥育素牛を購入する場合、父牛はどういう血統なのかを気にする。そして、子牛を出荷する農家は血統の良い種牛の精液を飼っている自分の雌牛に人工授精する。その足元が今、揺らいでいる。

肥育素牛を生産する子取り農家の数は1976年（昭和51年）には全国で29万5600戸であったが、2009年（平成21年）には6万6000戸と減少している。昔は水田耕作をしながら、数頭の雌牛を飼う風景が見られたが、それが今では少なくなった。和牛の雌牛が水田の畦畔《けいはん》で草をのんびりと食べる姿はもう、見られる時代ではなくなった。

近年の統計数字を見ると、子取り用雌牛飼養農家戸数は2010年（平成22年）以降、毎年約3300戸のペースで減少している。このままのトレンドで進行すれば、10年後の2025年（平成37年）には、2015年（平成27年）の31％にまで減少する。その結果、子牛の生産頭数も大きく減少してしまい、和牛という肉資源の減少、そして、店頭に並ぶ和牛肉も少なくなりそうである。

量だけではない、値段も高くなる。A－4という格付けの黒毛和種牛枝肉の市場での卸売価格は1kg当たり2012年（平成24年）度が1703円であったものが、2016年（平成28年）1月には2639円と1000円近くも高くなっている。

だんだん和牛の霜降り肉は庶民から手の届かない存在になりそうである。時々出かける帯広市のデパートで見たすき焼き用の牛肉（和牛）は100g当たり1400円であった、霜降りではあるが、最上のものではない。東京日本橋の有名な牛肉店のカタログを見ると、最上のものは100gで2073円である。家族4人、一人200gのすき焼きをするとなると、1万1200円～1万6584円にもなる。

近くのスーパーマーケットでアメリカ産の牛肉の値段を見てきた、かたロースのステーキ用が100gで298円、うす切りが271円であった。

昔、「貧乏人は麦を食え」と言った人がいたが、「貧乏人は輸入牛肉を食え」という時代になってきている。貧乏人という言葉が頭に結ぶ像は低収入の非正規雇用の人達である。

経済的な格差社会は貧富の差を拡大し、貧の人達は日本の食文化から遠のけられつつある。

これから、日本の人口は少なくなり、高い牛肉を買う階層比率も低くなるから、和牛肉を外国の富裕層に食べてもらおう、輸出を増やそう、その方が日本の牛肉生産に利ありだ、という論が、このところしきりとなされている。牛肉の輸出量も増加している、２００１年（平成13年）には部分肉で51トンでしかなかったものが、２０１１年（平成23年）には５８１トン、２０１４年（平成26年）には１３６３トンと増加している。

しかし、上述のように、和牛の数は減ってゆく、海外の富裕層にしろ、近未来にわたって恒常的な存在であるかどうかは分からない。和牛肉の日本からの離陸には、一抹の不安が、私には、正直言ってある。

それでは、庶民の牛肉はこれからどうなるか、最初に書いたように、今、国内産の牛肉よりも輸入牛肉の量の方が多い、消費量の61％前後が輸入牛肉で占められるという情勢にある。この量はＴＰＰが発効すると、もっと多くなるだろう。現在の牛肉の関税は38・５％であるが、ＴＰＰ発効後段階的に削減され、16年目以降は９％にという合意内容となっている。牛肉生産費などに大きな変化が、今と較べてないと仮定すると、先に書いた輸入牛肉の店頭価格はもっと低下し、サイフの中身はそちらへと向かうであろう。「食と農の乖離」がますます進むことになりそうだ。

そこでまた、新たな心配事が出てくる。大分前になるが、アメリカでは、「高付加価値農産物の輸出拡大」を目指す議論があった。どういうことかと言うと、例えばトウモロコシの場合、トウモロコシを日本などの外国に飼料用として輸出するよりも、国内での牛肉の生産量を増やすためにトウモロコシを振り向け、作った牛肉を売る方がアメリカ経済としての利益は大きい、というような考えである。TPPの発効はそれを保証し、拡大する。

その時、アメリカが日本国内向けの飼料用穀類（トウモロコシなど）の輸出を規制するか、あるいは、トウモロコシ生産に要する地下水の価格をトウモロコシ価格に上乗せしてこなければよいがとも考えている。日本の畜産は牛肉生産を始めとしてアメリカのトウモロコシに大きく依存している。そのような措置が講じられれば、国内の畜産物の生産は壊滅的な影響を受け、「食と農の乖離」どころか、「食と国土との乖離」が今よりも、もっと、もっと進み、日本の食は国際情勢に翻弄される環境が作られる。

２０１２年、アメリカは大干ばつに襲われた。農務長官は、米国土の６割が干ばつに見舞われているとして、事実上の非常事態宣言をしている、トウモロコシ畑ではトウモロコシが枯れ上がり、トウモロコシのシカゴ商品取引所での価格が異常なまでに上昇した。

その５年前に、元副大統領のアル・ゴアさんが、「不都合な真実」を刊行しているが、その中に以下のような記述がある、「私たちがこれまでどおりのやり方を続けていれば、二酸化炭素の量は50年足らずで2倍になる。そのような事態が起こると様々な影響が出てくるが、米国の広大な農作地域では35％もの土壌水分が失われてしまうと科学者は言っている。そして、言うまでもなく、土が乾けば、生える植物も乾燥地の植生に近くなり、農業の生産性は落ち、火事が増える」と。２０１２年のような異常気象は、その頻度が今までよりも高くなるともいわれている。

だから、先の懸念は、単なる杞憂ではない。

参考文献

（1）「食肉鶏卵をめぐる情勢」農林水産省、2016年3月
（2）農林水産省畜産部食肉鶏卵課編『食肉便覧』平成15年版、中央畜産会
（3）「牛肉消費量　都府県別ランキング」http://todo-ran.com/t/kiji/13461,13457　2016年3月11日アクセス
（4）児玉幸多『体系日本史叢書11　産業史Ⅱ』山川出版、1989年
（5）加茂儀一『日本畜産史』法政大学出版局、1976年
（6）『牛肉の歴史』畜産振興事業団、1978年9月
（7）豊島正治『肉屋さんが書いた肉の本』三水社、1993年
（8）半藤一利『幕末史』新潮社、2009年
（9）司馬遼太郎『幕末』文藝春秋、1986年
（10）鎌田慧『ドキュメント屠場』岩波書店、2006年
（11）鯖田豊之『肉食の思想（ヨーロッパ精神の再発見）』中央公論社、1997年
（12）ピーター　メンツェル・フェイス　ダルージオ『地球の食卓』TOTO出版、2006年
（13）「畜産をめぐる情勢」農林水産省、2016年1月
（14）アル　ゴア『不都合な真実』ランダムハウス講談社、2007年
（15）「米干ばつ　国土の6割」『日本農業新聞』2012年7月20日号

著者紹介

阿部 亮（あべ　あきら）
1942年　中国斉斉哈爾（チチハル）に生まれる。
宇都宮大学農学部農芸化学科卒業
農林水産省畜産試験場栄養部長を経て日本大学生物資源科学部教授
現在は畜産・飼料調査所・御影庵主宰
著書に、『乳牛の栄養飼料の基礎固め』デイリージャパン、2005年
『日本酪農への提言』筑波書房、2009年
ほか多数

日本の食をとりまく社会と人

2016年8月31日　第1版第1刷発行

著　者◆阿部 亮
発行者◆鶴見 治彦
発行所◆筑波書房
東京都新宿区神楽坂2-19 銀鈴会館 〒162-0825
☎03-3267-8599
郵便振替 00150-3-39715
http://www.tsukuba-shobo.co.jp

定価は表紙に表示してあります。
印刷・製本＝平河工業社
ISBN978-4-8119-0492-4　C0033